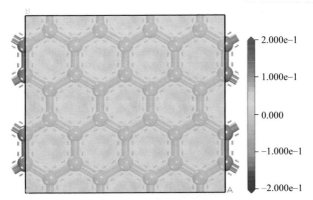

图 5 - 2 生物炭表面静电势图

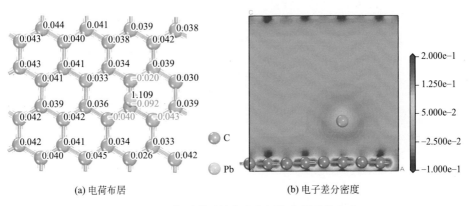

(a) 电荷布居

(b) 电子差分密度

图 5 - 8 顶位吸附后的电荷布居和电子差分密度

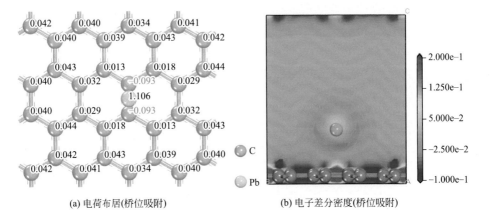

(a) 电荷布居(桥位吸附)

(b) 电子差分密度(桥位吸附)

图 5 - 9 桥位和孔位吸附后的电荷布居和电子差分密度

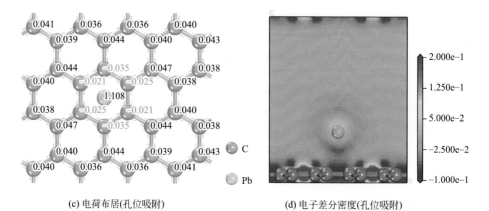

(c) 电荷布居(孔位吸附)

(d) 电子差分密度(孔位吸附)

图 5-9　桥位和孔位吸附后的电荷布居和电子差分密度(续)

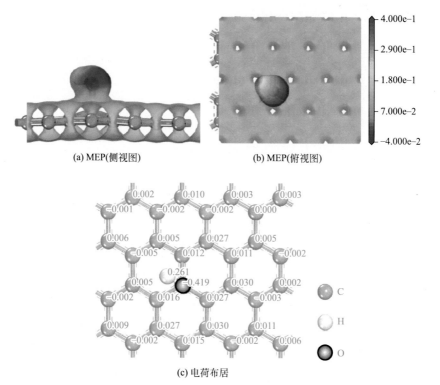

(a) MEP(侧视图)

(b) MEP(俯视图)

(c) 电荷布居

图 5-11　羟基改性生物炭表面 MEP 和密立根电荷布居分析

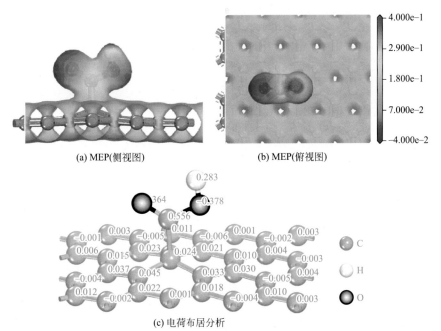

(a) MEP(侧视图)   (b) MEP(俯视图)

(c) 电荷布居分析

图 5-12　羧基改性生物炭表面 MEP 和密立根电荷布居分析

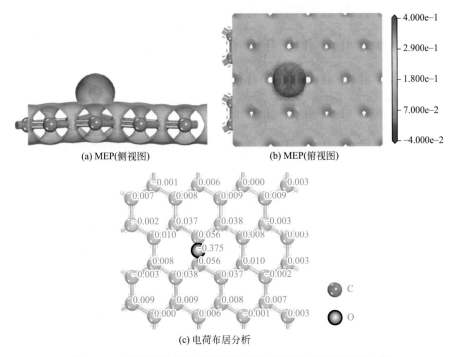

(a) MEP(侧视图)   (b) MEP(俯视图)

(c) 电荷布居分析

图 5-13　环氧基改性生物炭表面 MEP 和密立根电荷布居分析

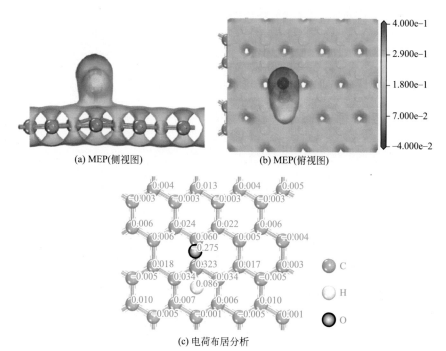

(a) MEP(侧视图)　　　　　(b) MEP(俯视图)

(c) 电荷布居分析

图 5 - 14　羧基改性生物炭表面 MEP 和密立根电荷布居分析

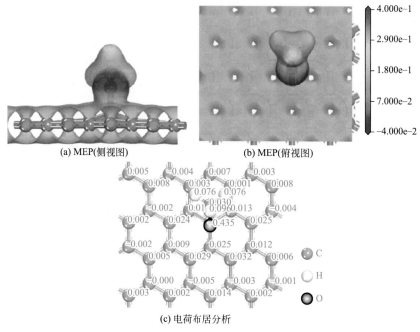

(a) MEP(侧视图)　　　　　(b) MEP(俯视图)

(c) 电荷布居分析

图 5 - 15　醚键改性生物炭表面 MEP 和密立根电荷布居分析

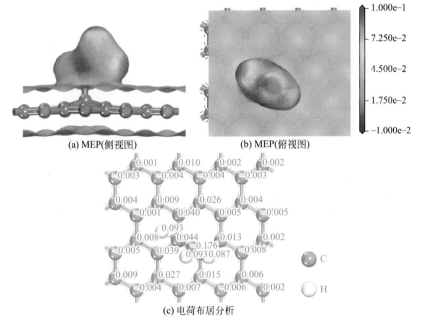

(a) MEP(侧视图)　　　　　(b) MEP(俯视图)

(c) 电荷布居分析

图 5-16　碳碳双键改性生物炭表面 MEP 和密立根电荷布居分析

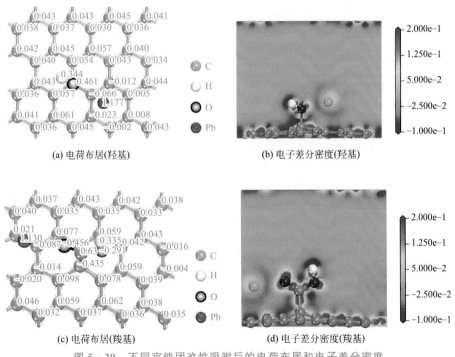

(a) 电荷布居(羟基)　　　　　(b) 电子差分密度(羟基)

(c) 电荷布居(羧基)　　　　　(d) 电子差分密度(羧基)

图 5-20　不同官能团改性吸附后的电荷布居和电子差分密度

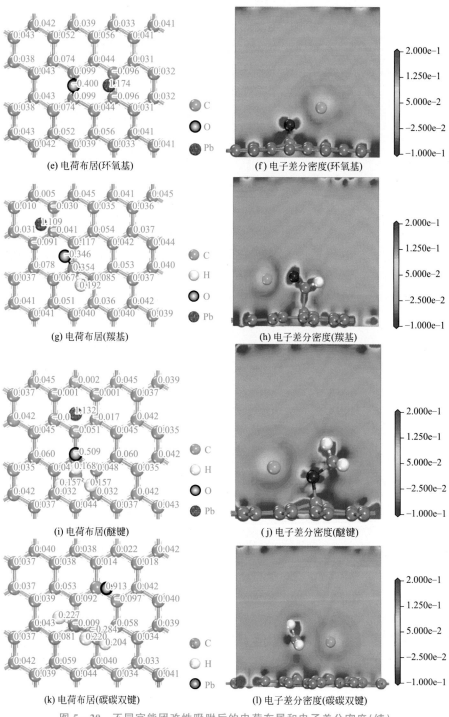

图 5-20 不同官能团改性吸附后的电荷布居和电子差分密度(续)

云南省一流学科"高原农业资源与环境"建设项目资金资助出版

The Construction of Biomaterials Based on Re−utilization of Waste Bioresource

Taking the Pb^{2+} Removal from Wastewater as an Example

基于生物材料构筑的 固废资源化利用研究

以水中 Pb^{2+} 的去除为例

李 翠 ◎著

北京大学出版社
PEKING UNIVERSITY PRESS

图书在版编目（CIP）数据

基于生物材料构筑的固废资源化利用研究：以水中 Pb^{2+} 的去除为例 / 李翠著. – – 北京：北京大学出版社，2024. 8. – – ISBN 978 - 7 - 301 - 35416 - 2

Ⅰ. X705

中国国家版本馆 CIP 数据核字第 2024XF3719 号

书　　　名	基于生物材料构筑的固废资源化利用研究：以水中 Pb^{2+} 的去除为例
	JIYU SHENGWU CAILIAO GOUZHU DE GUFEI ZIYUANHUA LIYONG YANJIU：YI SHUI ZHONG Pb^{2+} DE QUCHU WEI LI
著作责任者	李　翠　著
策 划 编 辑	王显超
责 任 编 辑	许　飞
标 准 书 号	ISBN 978 - 7 - 301 - 35416 - 2
出 版 发 行	北京大学出版社
地　　　址	北京市海淀区成府路 205 号　　100871
网　　　址	http：//www. pup. cn　新浪微博：@ 北京大学出版社
电 子 邮 箱	编辑部 pup6@ pup. cn　总编室 zpup@ pup. cn
电　　　话	邮购部 010 - 62752015　发行部 010 - 62750672
	编辑部 010 - 62750667
印 刷 者	北京虎彩文化传播有限公司
经 销 者	新华书店
	720 毫米 × 1020 毫米　16 开本　9 印张　6 彩插　150 千字
	2024 年 8 月第 1 版　2024 年 8 月第 1 次印刷
定　　　价	68. 00 元

前言

　　随着工业化进程的飞速推进，我国也面临着形势日益严峻的重金属废水污染问题。在废水治理过程中，吸附是一种具有广阔应用前景的单元操作。作为吸附材料，生物炭具有较高的比表面积、丰富的孔隙结构以及可以功能化改性的官能团，具备成本低、环境友好、可再生等优点，在土壤修复、废水处理、废弃生物质资源化利用等领域中受到广泛的关注。在充分考虑生物质原料区域性的前提下，本书选取樟树落叶为原料，开发高效吸附剂，研究其吸附性能，旨在为治理重金属水污染问题提供借鉴。

　　经过前期研究工作，发现樟树叶主要成分为纤维素、半纤维素及木质素，通过低温热解炭化后能保持良好的孔状结构以及大量的羟基、羧基和羰基等特定基团，可作为功能化改性的基本骨架。

　　首先，本书以樟树叶基生物炭为材料进行了表面功能化改性，包括氧化、氢氧化钾活化改性、磁化改性、纳米复合改性，以提高生物炭的吸附性能和实用性。采用傅里叶变换红外光谱、X射线衍射分析、扫描电镜、X射线光电子能谱、氮气吸附−脱附等先进分析检测手段表征改性前后的生物炭材料，从分子、官能团等微观层面系统阐明了功能化改性机理。

　　其次，以Pb^{2+}为目标重金属离子，通过静态吸附实验，从吸附时间、溶液pH、离子初始浓度、温度产生的影响等方面考察了生物炭材料改性前后吸附Pb^{2+}的性能。研究表明，Pb^{2+}吸附受吸附时间、溶液pH和离子初始浓度对吸附性能的影响较大，表现出有序的规律性。改性后生物炭材料均提高了吸附速率，缩短了吸附平衡时间，氧化生物炭、磁性生物炭、纳米复合生物炭的吸附平衡时间由改性前的180min缩短为60min，氢氧化钾活化生物炭则进一步缩短为30min；随着溶液pH的升高（1～6），未改性生物炭及改性生物炭对Pb^{2+}的吸附量与去除率均有所提高；随着Pb^{2+}初始浓度的增大，虽然吸附量有所提高，但去除率却逐渐降低，Pb^{2+}初始浓度低于200mg/L时，有较好的去除效果；在 25～45℃ 条件下，未改性生物炭、磁性生物炭、纳米复合生物炭随着温度的升高，吸附量与去除率均有所提高，而氧化生物炭、氢氧化钾活化生物炭随温度的升高，吸附量与去除率均有所下降，但温度造成的影响较小。在吸附—解吸实验中，采用 0.1mol/L 盐酸作为解吸剂，研究发现：可以把生物炭吸附剂吸附的 Pb^{2+} 洗脱下来，循环使用生物炭，再生生物炭经过三次以上循环使用，吸附性能的下降幅度依然较小，所以具备一定的循环再生能力。

再次，通过吸附动力学、热力学与吸附等温线模型，结合相关数据拟合研究，揭示了生物炭对 Pb^{2+} 的吸附机理。利用吸附动力学探究了吸附过程的控制步骤，发现生物炭改性前后对 Pb^{2+} 的吸附行为均符合准二级动力学（Pseudo-Second-Order Kinetic）和 Langmuir 模型，吸附过程的控制步骤属单分子层化学吸附，改性提高了生物炭的吸附速率与最大吸附量；采用扩散动力学模型对吸附过程的扩散步骤进行拟合发现，在吸附初始和平衡阶段，吸附均由内扩散控制，液膜扩散在平衡阶段也有一定作用；Elovich 动力学模型拟合数据则表明，除纳米复合生物炭外，其余四种生物炭均具有较高的相关系数，且从模型参数的初始吸附速率来看，改性大大提高了生物炭对 Pb^{2+} 的吸附速率。采用 Arrhenius 方程对吸附数据进行线性拟合与吸附热力学参数计算分析，发现氧化生物炭吸附属于自发、熵增、放热的过程；氢氧化钾活化生物炭吸附属于自发、熵减、放热的过程；磁性生物炭与纳米复合生物炭吸附属于自发、熵增、吸热的过程。

最后，基于密度泛函理论（Density Functional Theory，DFT），采用 Materials Studio（MS）软件，在原子尺度上研究了生物炭对 Pb^{2+} 的吸附作用，在考察了生物炭表面的电荷性质以确定活性位点的基础上，定量计算了 Pb^{2+} 在不同吸附位点上的吸附能。结果表明，生物炭表面上的电荷分布较为均匀，电荷区域性差异不显著；生物炭表面上三种吸附位点对 Pb^{2+} 吸附强弱顺序关系为：Top＜Bridge＜Hollow（Top 为顶位，Bridge 为桥位，Hollow 为孔位），但数值差异不大，吸附的选择性倾向不显著。通过计算改性接入羟基（—OH）、羧基（—COOH）、醚键（R—O—R）、羰基（C＝O）、碳碳双键（C＝C）、环氧基 [—CH(O)CH—] 等活性基团的影响发现：这些活性基团的接入，会导致生物炭表面局部电荷分布差异化，强负电性区域是 Pb^{2+} 吸附的活性位点；不同官能团对 Pb^{2+} 吸附能力强弱排序为羧基中羰基＞醚键＞羟基＞羰基＞碳碳双键＞环氧基，各官能团对 Pb^{2+} 的吸附作用均大于生物炭的 Hollow 位；对生物炭及活性基团表面静电势和电子差分密度的分析，揭示了生物炭及官能团改性生物炭对 Pb^{2+} 吸附的内在作用机理，即关键在于 Pb^{2+} 与生物炭上原子之间电子的得失和转移。

综上所述，本书通过对生物炭功能化改性、重金属吸附行为与机理的研究，得到了能够同时兼顾吸附性能和吸附速率的氢氧化钾活化和纳米复合两类功能化改性方法，为生物炭吸附剂的深入研究打下了良好基础。

由于著者水平所限，书中难免有疏漏和不当之处，恳请读者批评指正。

著者

2023. 12

目 录

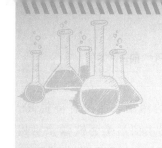

第1章

绪论

1.1　重金属废水及其处理技术

1.1.1　我国的重金属水污染现状

自然状态下，重金属元素主要分布在岩石中，在大气、岩石、土壤的交互作用下会发生微量迁移，但不会大量地富集于大气、土壤和水体中，因而不会对生物圈造成严重危害。然而，随着现代工业的快速发展，包括矿山开采、冶金、制造加工等工业生产在内的人类经济活动使得重金属被过度开采与使用，大量含有重金属的废水被排放到环境中，造成了严重的大气、土壤、水体等重金属污染问题。目前全球水体重金属污染问题十分突出，已经成为世界亟待解决的重要问题之一。

众所周知，水是生命之源，也是生物体的重要组成成分，在地球的演变过程中产生了大量的水资源，并孕育了生命。我国淡水资源为 2.578 万亿 m^3，而人均淡水量约为 $1827m^3$，处于轻度缺水状态，可见我国面临着较大的淡水资源缺乏问题。随着现代化工业发展，工业用水量在急剧增加且可用水资源污染严重，水资源已成为经济发展的重要限制因素。根据生态环境部公布的《2022 中国生态环境状况公报》，2022 年，长江、黄河、珠江、松花江、淮河、海河、辽河七大流域和浙闽片河流、西北诸河、西南诸河主要江河监测的 3115 个国控断面中，Ⅰ～Ⅲ类水质断面占 90.2%，比 2021年上升 3.2 个百分点；劣Ⅴ类水质断面占 0.4%，比 2021 年下降 0.5 个百分点。主要污染指标为化学需氧量、高锰酸盐指数和总磷。除此之外，2022年全国共布设 1890 个国家地下水环境质量考核点位，开展了地下水水质监测。通过全面的监测和统计，得出Ⅰ～Ⅳ类水质点位占 77.6%，Ⅴ类占22.4%，主要超标指标为铁、硫酸盐和氯化物。表 1-1 展示了我国部分流域的详细水质数据，由此可见我国水体中存在一定的污染，质量有待提高。通过对水体污染物含量进行分析，得出我国水体中的主要污染为铁锰元素超标、硬度过大、总悬浮物超标、含氮量超标等，同时还有些监测点得出了水体中重金属如铅、汞超标的结论。Duan 等（2016）绘制了中国表面土壤重金属污染地理分布，表明我国土壤也存在比较严重的铅、镉重金属污染，土壤中的重金属通过雨水冲刷与渗透作用进入水体，加剧了水体重金属污染。总体来说，我国面临着严峻的重金属水污染问题，由于轻微的重金属超标都会给人类的身体健康带来严重的威胁，所以深化重金属污染治理研究具有重要现实意义。

表 1 - 1　2022 年部分流域水质状况

流域	比例/%					
	Ⅰ 类	Ⅱ 类	Ⅲ 类	Ⅳ 类	Ⅴ 类	劣 Ⅴ 类
松花江	0	20.1	50.4	23.6	3.9	2.0
海河	12.6	30.1	32.1	24.4	0.8	0
黄河	7.2	57.8	22.4	8.4	1.9	2.3
长江	11.8	69.8	16.5	1.8	0.1	0
浙闽片河流	9.1	62.6	26.8	1.5	0	0

1.1.2　重金属的性质与危害

我国矿产资源丰富，以矿产资源开发和生产加工为对象的冶金、化工、建材业比较发达，大量的重金属被开采、提炼和应用，在此过程中会不可避免地产生大量的废水，而废水中含有铜、铅、锌等重金属污染物，会对环境和人类健康造成严重危害，成为影响人类生存与可持续发展的社会问题。在含有重金属污染物的废水中，其中铅离子具有较高的毒性，是重金属污染物中较普遍也是毒性较大的一种。所以，如何加强对废水中铅离子的处理，已成为当前环境工程领域和化学界亟待解决的热点技术问题。

（1）重金属的性质

重金属通常指密度大于 $4.5g/cm^3$ 的金属，有些非金属由于具有与重金属相似的毒性，也被归类于重金属（类金属），例如砷和硒。典型的重金属包括铅、镉、铬、汞、砷等，它们具有相似的特性与毒性，如表 1 - 2 所示。自然状态下，重金属元素主要分布在岩石中，通过大气、岩石、土壤的交互作用，

表1-2 常见重金属特性

重金属	密度/(g/cm³)	常见化合价	排放限值/(mg/L)		来源	毒性
			WHO①	US EPA②		
砷(As)	5.73	-3,+3,+5	10	50	冶炼、采矿、化石能源生产、岩石沉积物	胃肠道症状、心血管和神经系统紊乱、骨髓抑制、溶血、肝肿大、肝病病变、皮肤病变、肝肿瘤
镉(Cd)	8.65	+2	3	5	电镀、冶炼、合金制造、颜料、塑料、采矿、炼油	肾功能紊乱、肺功能不全、骨病病变、肿瘤、高血压、"痛痛病"(Itai-Itaidisease)、体重减轻
铬(Cr)	7.20	+2,+3,+6	50	100	电镀、制革、染料电镀、金属加工、木材防腐、颜料、钢铁制造	致突变、致畸、胃脘痛、恶心呕吐、严重腹泻、肺肿瘤
铜(Cu)	8.92	+1,+2	—	1300	电路板生产、电镀、拉丝、铜抛光、颜料、印刷、木材防腐	生殖系统毒性、神经毒性、发育毒性、急性毒性、头晕、腹泻
铅(Pb)	11.34	+2,+4	10	5	电镀、电池生产、颜料、火药、采矿	贫血、脑损伤、食欲不振、智商降低
汞(Hg)	13.59	+1,+2	1	2	汞化带风化、火山喷发、森林火灾、电池生产、化石燃料燃烧、采矿、冶金、染料、氯碱工业	神经系统和肾功能紊乱、肺肿瘤、皮肤腐蚀
镍(Ni)	8.90	+2,+3	—	—	有色金属加工、颜料、电镀、搪瓷、硫酸镍生产、蒸汽发电	慢性支气管炎、肺功能减退、肺肿瘤
锌(Zn)	7.14	+2	—	—	采矿和制造工艺	短期"金属烟热"、胃肠道疼痛、恶心和腹泻

① WHO: World Health Organization, 世界卫生组织。
② US EPA: United States Environmental Protection Agency, 美国国家环境保护局。

重金属会发生微量迁移，但不会大量地富集于水体中，因而不会对生物圈造成严重危害。然而，人类活动使得重金属显著富集，并且会排放重金属到大气、土壤和水体中，然后使重金属进入生物链中，这会对地球上的生命体造成严重危害。涉及重金属排放的人类活动主要是工业生产，包括矿石开采，金属冶炼与加工，电镀，电池、皮革、塑料、橡胶、化肥、染料、油漆的生产等。不同行业排放重金属的形态不同，但都是向大气、水体、土壤中排放。

重金属具有以下特征：化学稳定性强；不能生物降解；生物富集作用显著；毒性大且持续时间长；化合价多、毒性差异大。一般来说，重金属不同，毒性反应不同；同一重金属价态不同，毒性反应也不同。例如，六价铬的毒性高于三价铬、三价砷的毒性高于五价砷、二价铜的毒性高于零价铜；改性的重金属的毒性要高于自然界中的重金属的毒性；有机物中的重金属具有更强的毒性。

重金属性质稳定，不易被生物降解，一旦进入环境，会随物质循环过程通过食物链的生物放大作用进入人体，在人体内积累并引起毒性反应。重金属离子会与体内的功能性蛋白质结合而破坏蛋白质功能，导致生物体相关功能丧失或衰退；或者在生物体器官、神经与脂肪组织中富集而引发疾病，进而影响生物体的功能。不同重金属在生物体中的中毒机理不同，如汞元素对人体造成的毒性症状主要表现在神经系统和肾功能紊乱、肺功能损害、皮肤腐蚀等。历史上曾在日本发生的"水俣病""痛痛病"就是人脑中甲基汞积累和镉中毒产生的病症。常见的重金属元素如砷、铬、铅、汞等对人体的毒性主要表现为引起胃肠道、肾功能紊乱以及对骨髓造血系统和神经系统造成严重危害等。概而言之，重金属来源广泛，极易对环境造成污染和破坏，从而影响人类的身体健康和经济的发展。重金属的来源、特点及毒性如图 1-1 所示。

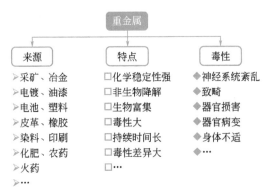

图 1-1　重金属的来源、特点及毒性

（2）铅的基本性质及环境污染特性

铅是一种相对不活泼的金属，原子序数为 82，在非放射性元素中铅的相对原子质量最大，为 207.2。铅及其氧化物能够与酸碱发生反应，易于形成共价键，在化合物中主要呈现 +2 价。铅金属的基本性质见表 1-3。

表 1-3　铅金属的基本性质

英文	化学符号	原子量	原子序数	原子半径/pm	电负性
Lead	Pb	207.2	82	175	1.87(+2)

价电子构型	化合态	熔点/℃	沸点/℃	密度/(g/cm³)	比热容/[J/(kg·K)]
$4f^{14}5d^{10}6s^26p^2$	+4、+3、+2、+1、-1、-2、-4	327.46	1749	11.34	128

热导率/[W/(m·K)]	电阻率/(nΩ·m)	杨氏模量/GPa	莫氏硬度	泊松比	CAS 号
35.3	208	16	1.5	0.44	7439-92-1

铅是持久性有毒污染物（Persistent Toxic Substances，PTS）中典型的代表性物质。由于铅的高毒性，我国制定了严格的铅金属排放标准，不同水体中铅的排放标准如表 1-4 所示。全球 0.6% 的疾病都是由于接触了铅而造成的，发展中国家的情况尤为严重，每年约有 60 万儿童因铅接触而导致智力残疾。2016 年一年时间内，铅接触导致 54 万人死亡，并导致 1390 万人残疾。每年 10 月的第三周是世界卫生组织与联合国环境规划署共同发起的预防铅中毒国际行动周。随着工业化推进，重金属治理难题在世界范围内受到越来越多的重视。学者们通过大量努力，提出了不同的解决方案，但目前仍然存在着技术瓶颈。

表 1-4　不同水体中铅的排放标准

水体	国标	标准值/(mg/L)
饮用水	GB 5749—2022	≤0.01
地表水	GB 3838—2002	Ⅰ类≤0.01，Ⅱ类≤0.01，Ⅲ类≤0.05，Ⅳ类≤0.05，Ⅴ类≤0.1
地下水	GB/T 14848—2017	Ⅰ类≤0.005，Ⅱ类≤0.01，Ⅲ类≤0.05，Ⅳ类≤0.10，Ⅴ类>0.10
海水	GB 3097—1997	Ⅰ类≤0.001，Ⅱ类≤0.005，Ⅲ类≤0.010，Ⅳ类≤0.050
灌溉水	GB 5084—2021	≤0.2
渔业水	GB 11607—1989	≤0.05
污水排放	GB 8978—1996	≤1.0

1.1.3 重金属废水处理技术

目前，在世界范围内尤其是发展中国家，面对日益严峻的重金属超标、污染问题，重金属废水的处理已经成为迫在眉睫的现实需求。学者们进行了大量针对重金属水污染治理的研究工作，获得了不少具有实际应用价值的科研成果，主要有膜分离、化学沉淀、电化学处理、离子交换、吸附等方法。不同技术在含有重金属的废水处理中的对比如表 1-5 所示。

表 1-5　不同技术在含有重金属的废水处理中的对比

技术	优势	劣势
膜分离	产生固废少、化学试剂用量少、操作空间需求小	投资和运行成本高、膜材料卷曲、流量有限
化学沉淀	工艺简单、成本低、对金属具有普遍适用性	产生大量金属污泥、操作成本高
电化学处理	无须添加化学试剂、中等金属选择性、处理流量高于 2000mg/L	投资成本高、产生氢气
离子交换	具有金属选择性、可再生	投资和运行成本高
吸附	对污染物适用性广、高性能、吸附动力学快、吸附剂来源广、有利于回收重金属	不同吸附剂的吸附性能差异大、吸附性能有待提高

(1) 膜分离

膜分离技术是新兴的废水处理技术，主要包含四种方式，分别是反渗透、电渗析、扩散渗析及超滤。该技术具有高效、节能、无二次污染等优点，然而膜分离装置较难设计，同时膜分离材料容易被污染物堵塞而减短寿命，造成投资和运行成本高，因此膜分离技术的应用受到很大限制。

反渗透是通过施加外界压力，使得膜材料一边溶液压力高于渗透压，造成溶液中重金属离子向相反的方向转移，从而实现对重金属离子的分离的一种技术。Dialynas 等（2009）将反渗透技术与膜生物反应器系统进行组合，处理含重金属的废水，Pb^{2+} 和 Ni^{2+} 去除率达到 99.99%，Cu^{2+} 和 Cr^{2+} 去除率分别为 89%、49%；Mohsen-Nia 等（2007）利用反渗透技术成功提取出来含有 Cu^{2+} 和 Ni^{2+} 重金属离子的废水，去除率高达 99.5%。以上数据显示，反渗透方法在去除重金属离子方面效果较佳，但该方法可能对重金属离子存在选择性。电渗析的动力是电能，其原理为水溶液中的重金属离子在外界电场的作用下有选择地通过膜材料，从而实现分离。Cifuentes 等（2009）采用电渗析技术对含有 Cu^{2+} 和 Fe^{2+} 重金属离子的废水进行处理，Cu^{2+} 和 Fe^{2+} 去除率分别为

96.6%、99.5%，表明此技术同样能够非常高效地去除 Cu^{2+} 和 Fe^{2+}。扩散渗析没有外界动力的作用，而是利用膜两侧溶液的浓度差来促使溶液扩散，完成过滤，从而实现对重金属离子的去除。超滤法主要用于分离溶质，通过超滤膜进行筛孔分离。万金保等（2008）采用聚四氟乙烯为滤膜处理含有 Zn^{2+} 和 Pb^{2+} 重金属离子的废水，去除效果良好，去除率均可达到 99.5% 以上。

（2）化学沉淀

化学沉淀技术在处理现阶段工业废水的实践中被广泛地应用，其原理是在含有重金属离子的废水中加入相应化学物质，使其与废水中的重金属离子发生沉淀反应，进而将沉淀物质过滤出来。根据沉淀物的形成机理可将其分为：中和沉淀、硫化物沉淀、钡盐沉淀及铁氧体共沉淀等。该技术工艺简单、易于操作、不需要特定的大型设备，在工业上得到了广泛使用。但该技术会产生大量的重金属盐污泥，容易造成二次污染，且存在工艺相对粗犷、占地面积大、处理量小以及选择性差等不足。张更宇等（2016）采用氟化钠和氢氧化钙作为沉淀剂去除电镀废液中的重金属离子，在优化了投加量和溶液 pH 后，对 Zn^{2+}、Mn^{2+}、Ni^{2+} 的去除率均可达到 99% 以上。

（3）电化学处理

电化学处理技术是通过电极的阴极使重金属离子发生还原反应，让废水中的重金属离子转变为金属单质。其优点就是无须使用任何化学试剂，同时操作较为简单，对处理的外界环境、场地大小要求较低。雷英春（2011）采用自制有机玻璃电解槽，以铅为阳极材料、不锈钢为阴极材料处理含 Cr^{6+} 的废水，去除率可达到 99%。此外，电化学处理技术可以使得废水中金属得以回收，周云等（1994）利用交换吸附-电解法处理某机械厂含铜废水，经过交换吸附处理后，有效回收了单质铜。在工业生产过程中，处理含有高浓度重金属的废水往往采用电化学处理的方式，但电化学处理也存在较大限制，表现为阴极电流效率较低、沉积速度较慢，并且废水中重金属离子的浓度较低，极化的浓度差使重金属的析出电位向更负的方向偏移，同时电解过程中会产生大量氢气，从而导致电流效率不高，且深度净化难度大。此外，电耗大、投资成本高，使得电化学处理在重金属废水处理中的推广应用受到一定限制。

（4）离子交换

离子交换技术必须运用相应的离子交换材料，在特定的条件下离子交换材料与含有重金属的废水接触，从而发生交换反应。该反应产生的动力为交换材料中所含有的功能基团及离子之间浓度的不同，从而产生对重金属离子的吸引。树脂就是很好的离子交换材料，其形态具体可分为螯合态、阳离子及阴离子三种类型。不同类型的树脂对于特定类型的重金属离子都具有一定的处理作用，其中阴离子树脂中含有阴离子以及高聚阳离子；阳离子树脂中的成分则与阴离子树脂中的成分不同，是含有树脂聚合体阴离子及一些阳离子，该材料的作用就是处理含有重金属阳离子的废水；螯合态树脂与前两种材料不同，其在处理废水的过程中对重金属离子的种类具有较高的选择性。离子交换技术在污水实际处理应用中具有一定的优势，比如对场地面积要求不高，具有较高去除率，处理后的废水还有一定的利用价值，节约水资源，不易引起二次污染。但同时存在投资大、运维费用高、树脂易失效等不足。付永胜等（2016）采用木质素磺酸钙为反应单体、甲醛为交联剂、氢氧化钠为碱催化剂，制备的新型木质素离子交换树脂对水体中 Cu^{2+}、Cd^{2+} 和 Ni^{2+} 的吸附容量均高于其他文献报道的普通树脂的吸附容量，但从去除率角度看，去除效果欠佳，Cu^{2+}、Cd^{2+} 和 Ni^{2+} 的去除率均不高于 50%。

（5）吸附

通过物理或者化学作用可以对废水中的重金属离子进行吸附处理。按照吸附原理可分为物理吸附与化学吸附，其中物理吸附的动力是物质之间的范德华力，而化学吸附则是通过相应的化学作用对重金属离子进行吸附，包括电子转移等化学变化。吸附过程中，化学吸附与物理吸附并不是完全分离的，通常同时进行并由其中一种作为主导。吸附剂种类及性能的差异直接影响着吸附效果，吸附材料决定了吸附的性能。生物废弃物原属于固体垃圾，研究表明其对于废水中的重金属离子也具备一定的吸附作用。该吸附剂易收集、成本低，同时还能将固体废弃物再次利用，减轻了环境负担。

当前用于处理含有重金属的废水的吸附剂材料较多，有活性炭、石墨烯、陶土、微生物、硅胶、沸石、污泥、动物粪便、生物质吸附剂等。活性炭具有疏松多孔的物理结构，将其放入废水中可利用孔隙来对废水中的重金属离子进行物理吸附。活性炭粉末吸附能力强、价格较低，但很难重复使用；颗粒状的活性炭价格比粉末价格高，但其优点是处理后仍可重复使用，这就间接地降低了单次的处理成本，所以活性炭吸附中常常采用颗粒状活性炭。但是与其他吸附材料相比，活性炭吸附的成本仍较高，这点因素也导致了该方法不能大面积应用于实践。矿物材料（例如沸石、黏土等）具有较大比表面积，并且有较强的离子交换能力。沸石的三维结构使之具有很大的孔隙，Ca^{2+}、Na^{+}、K^{+} 等可交换离子占据了结构中的孔隙，并可被其他金属离子替代。用黏土进行吸附的原理是溶液中带有负电荷的黏土会吸引带有正电荷的重金属阳离子。因此，虽然吸附材料种类多且来源广泛，但是有的成本较高、有的吸附性能受很多因素限制，导致了该方法不能广泛应用于实践。吸附材料是吸附过程的技术核心，其研究发展可以分为三个阶段：20世纪末开展了大量微生物吸附方面的研究，利用微生物本身新陈代谢过程中产生的具有重金属离子结合能力的物质除去水中重金属离子；2000—2010年，随着现代农业和工业的发展，天然生物质以及农业或工业废弃物都被应用于废水中重金属离子的污染处理；2010 年以后，生物炭作为新一代生物吸附材料受到了越来越多的关注，研究人员也开展了大量研究工作，但目前对这类生物废弃物吸附剂的开发及应用仍处于探索阶段。

　　针对上述情况，一些学者们另辟蹊径，致力于生物质吸附剂的改性及其吸附性能研究，包括筛选高性能生物质吸附剂、优化生物质吸附剂制备方法、通过炭化以减少生物质中有机物对环境引起的二次污染、改性以提高相应吸附剂的吸附性能等方面。冯宁川（2009）采用氢氧化钠，氢氧化钠和氯化钙，以及丙烯酸甲酯对橘子皮分别进行皂化，皂化交联，以及接枝共聚三种方式的改性处理，然后对多种重金属离子进行吸附研究，发现化学改性后的生物质对重金属离子吸附性能显著提高，并具备良好的解吸性能。李青竹（2011）采用快速酯化表面改性麦糟去除水体中的重金属离子，去除效果比较理想。张惠宁（2016）采用氧化石墨烯基复合材料吸附水中重金属离子及染料，吸附效果显著。以上研究给予研究者颇多有益的启迪和借鉴。

1.2　生物炭的性质、制备方法与应用

　　生物炭以生物废弃物作为原料，具有原料来源广、资源丰富、成本低、无二次污染等优点，并能实现碳封存，减少温室气体排放，为含有重金属离子废水的处理技术的发展提供了广阔空间。作为新一代吸附材料，生物炭受到了越来越多的关注，学者们开展了大量研究工作，取得了丰硕的成果。但到目前为止，学术界对如何界定生物炭还未形成统一见解，Joseph 等（2015）在研究中认为生物炭是以生物质为基础，当外界条件为无氧或者缺氧时所形成的富碳物质。Libra 等（2011）提出生物炭与水热炭相似，是生物质材料在隔绝空气的条件下经高温热解或者水热炭化而得到的富碳物质。国际生物炭协会（International Biochar Initiative，IBI）在 2013 年提出了生物炭的标准定义：在缺氧条件下，经过热化学作用产生的一类固体物质。本研究采取 IBI 的标准定义。

1.2.1　生物炭的性质

生物炭的物理化学性质主要有：挥发分、灰分、pH、比表面积、产率、孔隙度、碱性官能团、固定碳、酸碱度、氢碳比、氧碳比、氧和氮与碳的原子比、表面积、孔径分布等，生物炭的物理化学性质受不同因素影响。生物质成分的不同会导致生物炭的物理化学性质各不相同。Xu 等（2011）在文章中提出，以秸秆为原料制备的生物炭，由于秸秆类型的差异，所制得的生物炭的物理化学性质也各不相同，其 pH、表面含氧基团以及离子交换能力等主要性能也表现出一定的差异性，这些差异导致其对甲基紫的吸附能力有所不同。一般而言，灰分中的金属元素可以减少热解过程挥发分的损失，由于固体废弃物和动物粪便中含有较多的灰分，因此以它们为原料制成的生物炭在产率上要明显优于以秸秆为原料制成的生物炭。

Keiluweit 等（2010）的研究指出了热解时秸秆分子的变化过程，在这一过程中会产生过渡态、无定型态、复合态、混乱态等四种明显不同的炭形态。生物炭极性基团的特征元素是氧元素，有机质的特征元素是氢元素，所以炭化程度一般用氢碳比衡量。石墨是碳存在的一种特殊形式，其物理特性是材质偏软，同时具有导电性，形成方式是通过提升炭化和热解温度，减少生物炭中氢、氧元素的含量。从范克雷维伦图（Van Krevelen Diagram）可以看出（Ahmad M et al.，2014）：随着温度的升高，氧碳比和氢碳比都减小，生物炭的极性基团也减少，但生物质炭化程度却增加。伴随着温度增加，化学反应更加剧烈，同时分解出大量的有机物，导致的结果就是减少了生物炭挥发分含量、增加了灰分含量。因为极性基团存在于生物炭表面且有一定数量，在温度小于 400℃ 的条件下生物炭的 pH 较小，随着温度的升高，pH 也逐步提升，由酸性过渡到碱性的临界温度为 600℃，当温度高于600℃时生物炭变为碱性。需要注意的是，此时在吸附过程中重金属离子可能发生表面微沉淀，需要通过 pH 的调节来避免沉淀的发生。在生物炭制备过程中温度还直接影响着其孔隙度以及孔径的分布，总体上看达到最低制备生物炭的温度时就能使其保留原有的孔隙结构，随着温度的提升，其孔隙结构的数量随之逐步增多，因此其比表面积也会有所提升；但是当温度高于 700℃ 时，就会产生小孔隙减少而大孔隙增多的现象。

另外，生物炭的孔径分布、表面基团、比表面积和矿物成分等物理化学性质会直接影响到生物炭的应用，应根据相关国家标准测定挥发分、水分、灰分和固定碳等生物炭的物理化学性质。可以用等离子体电感耦合光谱仪及元素分析仪两种仪器对生物炭中所含金属元素进行分析；用氮气吸附的方式对其比表面积和孔径分布进行测定。目前，生物炭分子结构的准确分析方面还存在着技术盲区，但采用红外光谱可以表征表面官能团，采用拉曼光谱可以对生物炭的石墨碳结构及无序碳结构进行分析，采用 X 射线衍射可以对生物炭中的纤维结构及矿物成分进行分析；而获取生物炭表面的化合价态以及元素组成则主要运用 X 射线光电子能谱；为了探究生物炭的微观形态，可引入扫描电镜分析和能谱分析。同时借助量子力学中的密度泛函理论（Density Functional Theory，DFT），并利用 Materials Studio（MS）软件，可对生物炭主要结构及表面官能团与重金属离子配合作用等进行模型构建以及相关理论计算，从而更加深入地了解生物炭表面的元素含量及其结构分布。

1.2.2　生物炭的制备方法

生物质在完全无氧或缺氧条件下，通过热化学（200～900℃）转化可得到生物炭。生物炭制备方法较多，热解、水热炭化、气化等均可实现，不同制备方法，所需温度、目标产物及生物炭产率不同，具体如图 1-2 所示。水热炭化法以及热解法是现阶段常用的生物炭制备方式。水热炭化工艺比较适用于含水量较高的生物质，其原理是将富碳生物质放在一定温度和压力条件下保持一定时间而得到生物炭，其优点是能耗少。热解法分为多种方式，如干馏、慢速热解以及快速热解等。对比热解法的三种方式，温度要求最低的为慢速热解，但其反应的速度也慢，因此反应时间长，主要产物是炭和焦油；快速热解的停留时间短、温度高、加热速率大，主要用于获取气体，焦油和炭产率较低；干

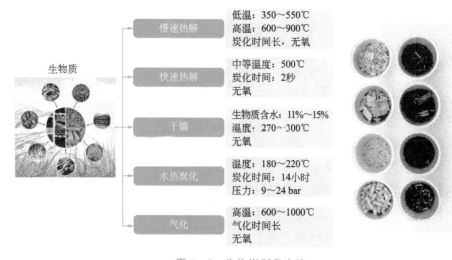

图 1-2　生物炭制备方法

馏就是隔绝空气，强加热，其分解的主要产物是气体。气化是将固态生物质转化为气体燃料：在中温或高温和一定压力条件下，以空气作为氧化剂，生物质发生不充分燃烧。其产物是合成气、燃料气和不活泼残留物，得到的合成气主要用于热能或电能发生系统，是生物质能最有效、最洁净的利用方法之一。

1.2.3　生物炭的应用

　　生物炭的应用范围较广，现阶段主要是用于土壤改良以及修复工程，在这一应用范畴内能够发挥生物炭多元化的功能：碳封存、土壤改良、废弃生物质管理等，图 1-3 列出了生物炭在不同领域的用途及优点。通过一系列的研究，学者们发现，与其他材料相比，生物炭具有其独特的优势，比如其制备材料来源广、制备成本低、制备工序简单、制备所需的原料都为可再生资源、制备过程对环境的污染极低等。

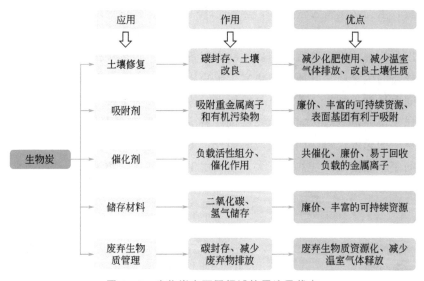

图 1-3　生物炭在不同领域的用途及优点

（1）土壤修复

　　生物炭作为土壤改良剂，可以从调节酸性土壤 pH、有效改善土壤离子的运输交换能力、提升土壤保水能力和土壤微生物活性等方面实现改良土壤的目的。Warnock 等（2007）曾经在研究植物和菌根的共生关系的基础上，通过相关实验发现，生物炭的施用有助于提升植物土壤的微生物活性。另外，Yu 等（2011）发现生物炭具有抑制农作物吸收农药的功能，有利于农作物生长。

生物炭中有机碳含量较多，将其与土壤进行混合能够提升土壤水分含蓄能力，同时也能达到一定的调节土壤酸碱度的作用。土壤中生物炭的施用有助于提升土壤含蓄养分的能力、提升土壤肥力、提升土壤微生物活性、改善土壤生态系统。从作物栽培学的角度来看，将活性炭施入耕层土壤中有助于种子的萌发，能促进作物生长并且能够显著提升作物的产量。生物炭的疏松多孔结构决定了其具有较强的吸附能力，同时其表面的基团数量较多，将其施入土壤当中能够对土壤中的重金属离子及其他污染物进行吸附，吸附的过程可逆性较差，因此被吸附的物质被牢牢地固化在生物炭的孔隙内，减少了污染物进一步对土壤及其他生态系统产生的污染。

（2）吸附剂

生物炭具有疏松多孔的结构，有较大的比表面积，其表面又具有较多的官能团，这些特性提升了生物炭的吸附能力。吸附后有毒和有害物质被固定于生物炭表面，可以有效减少二次污染，缓解富营养化以及重金属等引起的水体污染。但普通生物炭对废水中的重金属离子的吸附能力是有一定限度的，众多研究表明：孔隙度、比表面积、官能团数量这三个因素是生物炭吸附能力的重要影响因子，直接关系到其对重金属以及其他污染物的吸附效率和能力。普通生物炭具有良好的富碳骨架和表面官能团，可通过化学方法进行改性，以提高生物炭在废水处理中的效率和效果。由此可见，生物炭作为吸附剂，也有广阔的应用空间。

（3）催化剂

工业实践中，生物炭可以作为一种载体——"催化剂"或"活性成分"，在化学反应中充当催化角色。生物炭催化剂不但成本低，而且可以提升生产效率。Yan 等（2013）制备了用于费-托合成液态碳氢化合物的包裹铁纳米颗粒的生物炭催化剂，能够有效催化生物质合成气转化为液态烃。磺化改性的生物炭作为生产生物柴油的催化剂，具有成本低、活性高等优势。废水中存在很多不易处理的有机污染物，有研究表明利用均相高级氧化技术处理这些有机污染物的效果较好，但是在实际操作过程中催化剂回收率低、二次污染可能性大、成本高；采用非均相催化则可以很大程度上解决上述问题，生物炭因其非均相催化活性强，正被尝试应用于工业催化。Qin 等（2017）研究表明在降解 1,3 -二氯丙烯反应中，可以使用谷壳生物炭作为催化剂；Mian 和 Lin（2018）在其文章中说明了生物炭基光催化剂的相关制备方法。其他学者也尝试在生物炭表面负载铁或钴等活性组分，如此制备的生物炭能有效降解酸性橙 G、二氧化锆、金橙Ⅱ、活性黄 39。

(4) 储存材料

热解是将生物质转化为生物炭的重要方式，热解过程中会产生多种能源燃料，在生产中合理利用这一部分能源燃料，可以减少其他资源的消耗，并且能够降低空气中二氧化碳的排放量。另外，热解过程中产生的生物油也是优质的生产能源。

(5) 废弃生物质管理

在人类生产活动过程中会产生数量庞大的废弃生物质，如农业和畜牧业生产中的植物垃圾以及动物排泄物等，工业生产中产生的废物、污泥等。这些废弃生物质随意丢弃后会对环境产生污染，所以如果能针对不同类型的废弃生物质进行合理的开发利用，可起到变废为宝的效果，如污泥可以制作成生物炭，从而实现废弃生物质和污泥的资源化利用。这样既可规范、无害管理废弃生物质，又能增加我国生物炭的产量。但是废弃生物质必须经过特殊处理才能再次利用，否则会对环境造成二次污染，如动物排泄物中的细菌和寄生虫必须经过灭活处理，污水中的重金属离子必须经过特殊的无害化处理。

生物炭的化学性质稳定，将碳元素长期固定在固相生物炭中，可以缓解环境的温室效应。有研究表明：生物炭中的碳元素可以保持 90～1600 年不发生化学变化，土壤内甲烷以及氮氧化物的排放量也会在施用生物炭后有所降低。还有相关研究表明：如将农作物废弃生物质的 1/2 或 1/3 通过科学的方法制成生物炭，并将其用于土壤改良工作，可大大降低空气中二氧化碳的排放量（约为每年 0.9Gt）。现阶段我国农耕政策禁止秸秆焚烧，鼓励秸秆还田，但如果将废弃的生物质制成生物炭施入土壤，将使人为二氧化碳的排放量同比降低 12%。

我国关于生物炭的制备及应用都还处于起步阶段，但是由于生物炭独有的优势以及在不同领域都具有良好的应用效果和应用前景，近几年生物炭的应用研究在国内也备受关注，可以预见生物炭在未来的应用前景将更加广阔。

1.3　生物炭吸附剂研究进展

1.3.1　生物炭吸附剂的发展历程

生物炭吸附剂的研究和发展可以分为以下三个阶段。

① 20 世纪末，学者们开展了大量的微生物吸附研究，利用微生物本身在新陈代谢过程中产生的、具有对重金属离了结合能力的物质除去重金属离子。

② 随着现代农业和工业的发展，天然生物质以及农业或工业废弃物都被应用于废水中的重金属污染处理。Verheijen 等（2009）对无氧或者低氧条件下的生物质热裂解作用进行了观察分析，发现生物炭作为其中的固态产物，具有广泛的应用前景。比如生物炭在实现碳封存的情况下，能够改善土壤结构，提高土壤肥力，去除土壤污染物，可避免对环境造成危害等。

Roberts 等（2010）选择具有典型代表性的废弃生物质原料制备了生物炭，并针对生物炭生命周期等相关内容进行了评估，具体结果见图 1-4。他们得出，废弃生物质原料中净能量最高的为能源作物，达到 4899MJ/t。庭院垃圾的经济利润最高，同时庭院垃圾的温室气体排放为 -885kg CO_2e/t。农业废弃物的温室气体也为负排放量，较庭院垃圾高 21kg CO_2e/t，能够实现生物炭的封存比例大致达到 1/3。经济方面对原料收集、热解工艺和碳补偿的依赖性非常大，生物炭原料的运输距离对其经济性影响较为明显。

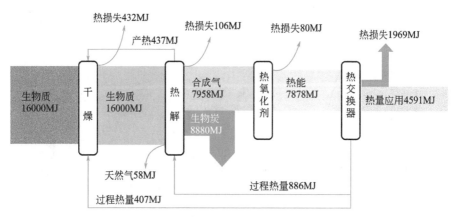

图 1-4　经济、能源、气候变化方面对生物炭的生命周期评估

③ 2010 年以来，生物炭作为化工界的"黑色黄金"，在农业土壤改良和环境修复等方面得到广泛应用，引发了学者们持续的关注和研究兴趣，人们对其研究呈现出爆发性增长的态势。2010—2019 年与生物炭相关研究发表论文数量如图 1-5 所示，从 2010 年的 122 篇快速增加到 2019 年的 3195 篇，这也说明了生物炭技术是目前国际化工学术研究的热门领域之一。

Woolf 等（2010）提出了可持续性生物炭的理念，见图 1-6。他们认为生物质是一种可持续性获得的资源。生物通过自身的生命活动产生物质和能量的

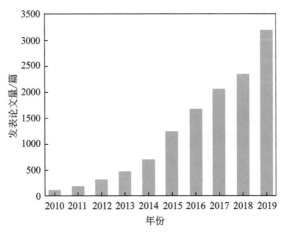

图 1-5　2010-2019 年与生物炭相关研究发表论文数量

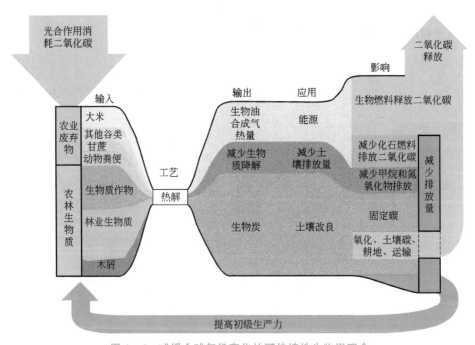

图 1-6　减缓全球气候变化的可持续性生物炭理念

循环：植物通过光合作用吸收空气中的二氧化碳，将碳转化为自身的组成部分；当植物死亡后，经过一系列物理化学变化，就形成了生物炭以及石油、煤炭资源。这一过程不但储存了生物炭能源，还减少了由于植物分解产生的二氧化碳的量，有利于减缓温室效应。另外，在应用方面，生物炭对于提升农业土壤肥力和改善土壤内部结构具有重要的意义：生物炭可以改善土壤内部结构，有利于土壤形成团粒结构，从而提升土壤对养分和水分的储存能力，进而提升土壤的肥力。并且，植被生长能继续吸收空气中的二氧化碳，可进一步减少空气中温室气体的含量。

1.3.2　生物炭吸附剂的改性方法及性能

生物炭具有疏松多孔结构，比表面积较大，且具有可改性的基本骨架，这些物理特性都有助于提升其吸附能力。众所周知，通过热解获取的生物炭，或多或少会有一定量的热解产物留在其表面，这些残留物会导致生物炭的吸附能力下降，同时也极易造成水体二次污染。因此通过改性，提高生物炭的吸附能力成为当前生物炭吸附剂研究的重要课题之一。比表面积的增加能提升生物炭的吸附能力，而吸附位对生物炭的吸附能力则有至关重要的作用，改性后的生物炭比表面积和吸附位数量都有所增加。学者们通过大量实验，总结出提升生物炭表面吸附位数量的方式有物理活化，化学改性，负载金属、有机物、氧化物、矿物及富碳材料等，且炭化前后都可以进行改性，使其具有更强的吸附性能。

在物理活化中，常常采用蒸汽活化的方式，处理后的生物炭能有效地提升比表面积，同时也能减少炭化过程中的副产物。有的学者认为对污泥进行蒸汽活化（厌氧消化处理）能显著提升生物炭的比表面积，并使其对重金属离子的吸附能力增强。但 Shim 等（2015）通过理论和实验得出了蒸汽活化后的生物炭对铜离子的吸附能力没有显著提升的结论，故蒸汽活化的效果还需进一步实验验证。学者们对酸、碱以及氧化剂活化生物炭进行了大量研究，认为之所以活化后的生物炭吸附能力增强，主要是因为改性提升了生物炭的比表面积、改善了活性炭的孔隙度、增加了活性炭表面官能团的数量、提升了离子交换能力。Peng 等（2017）在研究中运用磷酸作为活化剂，发现活化剂既提升了生物炭比表面积，同时也能够增加其表面含氧基团的数量，活化生物炭对 Cu^{2+} 和铬离子的吸收能力也因此有所提升。Zhao 等（2017）通过实验发现，生物炭经过磷酸活化后可以吸附大分子有机物及铬离子。Zhou 等（2017）在其文章中也对磷酸活化与水热生物炭对 Pb^{2+} 离子的吸附进行了阐述。Chen 等（2018）在文章中阐释了经过高级氧化后的生物炭对 Pb^{2+} 的吸附过程。有学者研究了过氧化氢溶液活化改性生物炭的方法，发现活化提升了生物炭吸附重金属离子的能力。Zhang 等（2017）通过实验证明：生物炭经磷酸氢二钠处理后对 Cr^{2+} 的吸附性能可得到明显的提高。

有学者采用过氧化氢溶液、高锰酸钾等作为氧化剂，实现在生物炭表面引入更多含氧基团，提高了生物炭对重金属离子的吸附活性。氢氧化钾溶液的活化机理主要是除去孔隙结构中的碎片和无定形纤维成分以及增加表面含氧基团。Petrović 等（2016）采用氢氧化钾溶液对葡萄渣水热炭进行活化，活化后水热炭对 Pb^{2+} 的吸附能力由 27.8mg/g 提高到 137mg/g。Jin 等（2014）对城市固体废弃物制备的生物炭进行了氢氧化钾溶液活化，活化后其对 As^{5+} 的吸附能力由 24.49mg/g 提升到 30.98mg/g。厌氧消化藻类牛粪生物炭可以进行碱活化，活化过程增加了生物炭的孔隙结构和表面官能团，活化后生物炭对铜离子的吸附能力由 21.12mg/g 增加到 50.17mg/g。

复合生物炭对重金属离子具有较高的吸附效率。有研究表明，对生物炭表面进行负载磁性粒子处理能够让生物炭的分离回收变得更加容易。Wang 等（2015）将松木屑和赤铁矿在水中混合搅拌后炭化制备得到磁性生物炭，这种磁性生物炭表面的 $\gamma\text{-}Fe_2O_3$ 可以为砷离子提供吸附位。Han 等（2016）将花生壳粉末在氯化铁溶液中浸渍，之后放在无氧条件下炭化制备了磁性生物炭，X 射线衍射分析得出其负载有 $\gamma\text{-}Fe_2O_3$，吸附实验表明这种生物炭磁化改性后对铬离子的吸附能力增加了 1～2 倍。Baig 等（2014）通过共沉淀法在草秸秆表面负载 Fe_3O_4 后炭化制得磁性生物炭，该生物炭对 As^{3+} 和 As^{5+} 的最大吸附量分别为 2.0mg/g 和 3.1mg/g。Yang 等（2018）在研究中指出，以 $\alpha\text{-}FeOOH$ 制作的负载生物炭对铜离子的吸附能力有显著提升。Wan 等（2018）将生物炭与水合氧化锰纳米粒子相结合，使其对镉与铅离子的吸附性得到显著增强。Mohan 等（2014）通过共沉淀法对橡树生物炭进行磁化改性，并系统研究了磁性生物炭对 Cd^{2+} 和 Pb^{2+} 的吸附行为。Zhang 等（2013）将棉白杨在氯化铁溶液中浸渍后，炭化制备了磁性生物炭，该生物炭表面负载 $\gamma\text{-}Fe_2O_3$，具有良好的磁性，在外界磁场作用下很容易将生物炭分离。

现阶段研究制备不同种类的复合生物炭以及提升其对重金属吸附的能力已成为研究中的重要领域。层状氧化物是一类阴离子层状化合物，由于具有独特的性质和结构，常被用作吸附材料。分子式为 $[M_{1-x}^{2+}M_x^{3+}(OH)_2]^{x+}$ $[A_{x/m}^{m-} \cdot nH_2O]^{x-}$，其中 M^{2+} 为二价阳离子，例如 Mg^{2+}、Cu^{2+}、Mn^{2+}、Ni^{2+} 和 Zn^{2+} 等；M^{3+} 为三价阳离子，例如 Al^{3+} 和 Fe^{3+} 等；A^{m-} 是层间阴离子，例如 CO_3^{2-}、SO_4^{2-}、NO_3^- 和 OH^- 等。由于具有较大比表面积、较强的层间阳离子的离子交换能力以及潜在的表面沉淀反应，层状氧化物对水溶液中的金属阳离子具有突出的吸附性能。单一层状氧化物具有紧凑的层状结构，所以吸附性能受到限制。生物炭作为载体，可以增加层状氧化物的分散性，近年来多采用生物炭负载层状氧化物复合纳米材料，其因为具有比表面积较大以及表面原子配位能力较强等特点，在重金属离子吸附领域显现出了巨大的潜力与良好的应用前景。

有研究表明，与纳米以及微米级别的金属氧化物和化合物复合后的生物炭具有数量更多的吸附位。复合生物炭的制备过程比较复杂，制备方法主要包括炭化-浸渍、生物质浸渍-炭化、共沉淀等。Yu 等（2018）采用负载氧化锌纳米粒子生物炭对 Cr^{4+} 离子进行吸附处理，发现处理后具有较好的吸附效果。Li 等（2017）指出生物炭负载锰的氧化物可提升生物炭对 Cd^{2+} 的吸附能力。Jung 等（2018）和 Liang 等（2017）也得出了与上述结论类似的结论。有研究表明，负载纳米零价铁可以极大程度地提升生物炭对重金属的吸附能力。其实不同种类的负载物都会提升生物炭对重金属的吸附能力，比如纳米碳酸钙、锰铝层状氧化物、锰铁氧化物、羟基磷灰石等物质。改性之所以可以提升生物炭的吸附能力，原因就在于改性后生物炭具有更多的吸附位，将不同的改性方法复合运用也可以获得很好的效果。Wang 等（2017）对生物炭进行过氧化氢溶液以及硝酸的活化后，对其进行纳米零价铁的负载，通过相关的实验测试其吸附 As^{5+} 和 Ag^{+} 离子的能力，结果表明其吸附能力得到显著提升。Wang 等（2018）和 Shi 等（2018）的相关研究都表明活化以及改性的方式均可极大程度地提升生物炭吸附能力。Ling 等（2017）经过大量调查研究，最后得出结论：在生物炭上添加氧化镁可以提高吸附 Pb^{2+} 的能力，能达到 893mg/g。Mohan 等（2014）采用共沉淀法制备磁性生物炭，磁性生物炭不但易于分离，并且对 Cr^{2+} 和 Pb^{2+} 离子的吸附性能也有所增加。

改性后的生物炭的表面官能团数量明显增加，木质素、壳聚糖、环糊精等都是很好的改性材料。Yang 和 Jiang（2014）在其文章中指出，改性后的生物炭对铜离子的吸附效率大幅度提升，为原吸附效率的 5 倍。Yu 等（2018）研究表明石墨型氮的含量与改性生物炭的吸附能力呈正相关性，采用氮掺杂后生物炭对铜离子和铬离子的吸附能力大幅度提升，为原来的 4 倍左右。Zhang 等（2018）在研究中提出了将还原氧化石墨烯负载于生物炭表面对于吸附重金属离子以及大分子有机农药有很大帮助。Wang 等（2018）采用紫外诱变枯草芽孢杆菌促进了生物炭材料对重金属离子的吸附。以上研究及结论为生物炭改性提供了重要理论依据和实践借鉴。

综上所述，生物炭改性后能有效提升对重金属离子的吸附能力。但需要注意的是，生物炭的改性在提升吸附效果的同时也增加了生产成本，这是其不能广泛推广的重要原因。同时，改性过程在生物炭表面引入的物质可能会对水质造成一定负面影响，这也是制备改性生物炭吸附剂必须考虑的因素。此外，除了考虑吸附能力，还需要考虑解吸性能，良好的吸附和解吸性能可以使吸附材料多次循环使用，这样既能降低生物炭吸附剂的成本，也有助于回收重金属离子。

1.3.3　生物炭吸附剂性能的影响因素

炭化工艺参数、生物质原料及采用的热化学转化技术对生物炭的性质具有关键性的影响，这些性质又会进一步影响生物炭对重金属离子的吸附性能。不同原料制成的生物炭影响吸附性能的物理化学性质如表 1-6 所示。生物炭的比表面积越大，其吸附效果越好，这是因为在吸附过程中比表面积越大，便能够提供更多的吸附位置，但是二者之间的关系并不是绝对的正相关性。生物炭表面的极性基团能够与离子产生络合作用而提升其吸附性能，水热炭化制备的水热炭含有丰富的含氧基团，对于吸附过程更有优势。

表 1-6　不同原料制成的生物炭影响吸附性能的物理化学性质

原料	热解温度/℃	产率/%	固定碳/%	灰分/%	pH	C含量/%	O含量/%	比表面积/(m²/g)
鸡粪	350	—	—	—	—	45.6	18.3	60.0
鸡粪	620	43~49	30.8	53.2	—	41.5	0.7	—
鸡粪	700	—	—	—	—	46.0	7.4	94.0
油菜秆	400	27.4	—	—	—	45.7	—	—
玉米秆	450	15.0	28.7	58.0	—	33.2	8.6	12.0
玉米秆	500	17.0	—	32.8	7.2	57.29	5.45	3.1
玉米芯	500	18.9	—	13.3	7.8	77.6	5.11	—
棉花壳	200	83.4	22.3	3.1	—	51.9	40.5	—
棉花壳	350	36.8	52.6	5.7	—	77.0	15.7	4.7
棉花壳	500	28.9	67.0	7.9	—	87.5	7.6	0.0
棉花壳	650	25.4	70.5	8.3	—	91.0	5.9	34.0
棉花壳	800	24.2	69.5	9.2	—	90.0	7.0	322.0
禽畜粪便	350	51.1	23.5	28.7	9.1	53.3	15.7	1.3
禽畜粪便	700	32.2	36.3	44.0	10.3	52.4	7.2	145.2
羊茅秸秆	200	96.9	23.6	5.7	—	47.2	45.1	3.3
羊茅秸秆	300	75.8	36.2	9.4	—	59.7	32.7	4.5
羊茅秸秆	400	37.2	56.9	16.3	—	77.3	16.7	8.7

续表

原料	热解温度/℃	产率/%	固定碳/%	灰分/%	pH	C含量/%	O含量/%	比表面积/(m²/g)
羊茅秸秆	500	31.4	64.3	15.4	—	82.2	13.4	50.0
羊茅秸秆	600	29.8	67.6	18.9	—	89.0	7.6	75.0
羊茅秸秆	700	28.8	71.6	19.3	—	94.2	3.6	139.0
橘子皮	200	61.6	—	0.3	—	57.9	34.4	7.8
橘子皮	300	37.2	—	1.6	—	69.3	22.2	32.3
橘子皮	400	30.0	—	2.1	—	71.7	20.8	34.0
橘子皮	500	26.9	—	4.3	—	71.4	20.3	42.4
橘子皮	600	26.7	—	4.1	—	77.8	14.4	7.8
橘子皮	700	22.2	—	2.8	—	71.6	22.2	201
栎树皮	450	—	64.5	11.1	—	71.3	12.99	1.9
麦秆	400	34.0	—	9.7	9.1	65.7	—	4.8
麦秆	460	—	—	12.0	8.7	72.4	—	2.8
麦秆	525	—	—	12.7	9.2	74.4	—	14.2

调节溶液中的 pH 大小有利于吸附的发生。生物炭表面的含氧基团较多,对于重金属离子的吸附十分有益。但是当被吸附液呈酸性时,溶液中的 H^+ 和 H_3O^+ 的数量较多,它们就会与同为带正电荷的重金属离子产生相互排斥,同时在吸附的过程中出现竞争关系。被吸附液的碱性增强有利于生物炭释放出更多的吸附位,但同时很多重金属离子易与 OH^- 结合形成沉淀,也不利于吸附的进行。一般而言,pH 的增加有利于提升生物炭对带正电荷重金属离子的吸附能力;相反,pH 的减小有助于生物炭对带负电荷重金属离子的吸附。

生物炭吸附过程中,各种不同的因素会产生不同的影响。如吸附过程的时间、添加生物炭数量、共存离子以及离子初始浓度等,都会影响生物炭的吸附性能。添加量过高,生物炭则可能会发生"颗粒团聚",不利于吸附进行,也不利于成本控制。溶液中重金属离子的浓度越大,越利于生物炭对其进行吸附,可以通过吸附等温线模型对不同条件下的吸附平衡进行深入研究,进一步了解吸附最大值。废水中重金属离子种类多,不同离子之间的相互作用也会导致吸附过程受到影响。此外,如果废水中的污染物种类较多,比如重金属离子只是其中一种，除此之外还有一些大分子有机物等，其他污染物也会对生物炭吸附重金属离子产生一定的影响。值得注意的是，现阶段模拟实验与真实的废水处理仍存在一定差异。

1.3.4　生物炭吸附重金属离子的机理

(1) 吸附动力学与热力学机理

生物炭吸附重金属离子就是吸附剂将吸附质吸附到吸附剂表面的过程。针对重金属离子的吸附过程主要有三个阶段：第一阶段，外扩散过程，离子向吸附剂聚集；第二阶段，颗粒扩散过程，离子穿过水化膜与吸附剂表面结合；第三阶段，表面反应，吸附剂表面具有特异的物理化学性质，对重金属离子产生吸引，从而导致重金属离子被吸附于吸附剂表面，这一阶段具有较快的吸附速率。这三个阶段的吸附速率都会对总吸附速率产生一定的影响。在吸附过程中存在物理与化学两种吸附类型，是否有新物质的产生是区分两种类型的核心指标。

通常，吸附机理研究主要包括吸附平衡和吸附动力学研究、吸附等温线模型研究、吸附热力学研究等。吸附平衡受热力学直接影响，而吸附作用发生的机制则是其吸附作用强弱的判定因子。吸附动力学模型种类众多，包括准一级动力学 (Psendo - First - Order Kinetic)、准二级动力学 (Pseudo - Second - Order Kinetic)、内扩散动力学 (Intraparticle Diffusion Model/Webber - Morris Model)、液膜扩散动力学 (Liquid Film Diffusion Model) 和 Elovich 动力学等模型，具体详见表 1-7 所示。

表 1-7　吸附动力学模型

模型	方程式
准一级动力学	$\ln(Q_e - Q_t) = \ln Q_e - k_1 t$
准二级动力学	$\dfrac{t}{Q_t} = \dfrac{t}{Q_e} + \dfrac{1}{k_2 Q_e^2}$
内扩散动力学	$Q_t = k_{in}\sqrt{t} + C_{in}$
液膜扩散动力学	$\ln(1 - F) = -K_f t + C$
Elovich 动力学	$Q_t = \dfrac{\ln t}{\beta_E} + \dfrac{\ln(\alpha_E \beta_E)}{\beta_E}$

经过一段时间的吸附反应，生物炭表面吸附的重金属离子与被吸收液中

的重金属离子趋于稳定，保持动态平衡，可通过吸附等温线模型探究吸附平衡的发生过程。吸附等温线是一种函数关系式，表示的是在温度、pH 不变的环境中，生物炭已吸附的重金属离子数量以及离子在溶液中的浓度。这一概念的引入有利于人们进一步了解重金属离子与吸附剂之间的作用机理，从而对吸附过程进行优化，有利于人们更便捷地获取吸附参数，同时通过改变其他吸附条件来探究不同吸附条件下吸附效果的优劣。吸附等温线模型种类较多，各模型具体相关方程式详见表 1 - 8。主要包括 Langmuir 模型、Freundlich 模型、Dubinin - Radushkevich 模型、Temkin 模型、Flory - Huggins 模型、Hill 模型、Sips 模型和 Toth 模型等，其中 Langmuir 模型以及 Freundlich 模型是现阶段比较常用的等温吸附模型；吸附热力学主要是通过温度的变化对热力学参数的直接影响，包括吉布斯自由能、焓变、熵变的正负来判断吸附反应的热力学问题。

表 1 - 8　吸附等温线模型

模型	非线性方程	线性方程
Langmuir	$Q_e = \dfrac{Q_m b C_e}{1 + b C_e}$	$\dfrac{C_e}{Q_e} = \dfrac{1}{b Q_m} + \dfrac{C_e}{Q_m}$
Freundlich	$Q_e = K_F C_e^{1/n}$	$\ln Q_e = \ln K_F + \dfrac{1}{n} \ln C_e$
Dubinin - Radushkevich	$Q_e = Q_m \exp(-\beta \varepsilon^2)$ $E = 1/\sqrt{2\beta}$	$\ln Q_e = \ln Q_m - \beta \varepsilon^2$
Temkin	$Q_e = \dfrac{RT}{b_T} \ln A_T C_e$	$Q_e = \dfrac{RT}{b_T} \ln A_T + \dfrac{RT}{b_T} \ln C_e$
Flory - Huggins	$\dfrac{\theta}{C_0} = K(1-\theta)^n$	$\ln\left(\dfrac{\theta}{C_0}\right) = \ln K + n\ln(1-\theta)$
Hill	$Q_e = \dfrac{Q_m C_e^n}{K + C_e^n}$	$\ln\left(\dfrac{Q_e}{Q_m - Q_e}\right) = n\ln C_e - \ln K$
Sips	$Q_e = \dfrac{K C_e^\beta}{1 + a C_e^\beta}$	$\ln\left(\dfrac{K}{Q_e}\right) = \ln(1 + a C_e^\beta) - \beta\ln C_e$
Toth	$Q_e = \dfrac{K C_e}{(a + C_e)^{1/n}}$	$\ln\left(\dfrac{Q_e}{K}\right) = \ln C_e - \dfrac{1}{n}\ln(a + C_e)$

吸附模型作用的机理主要包括表面络合或表面沉淀、静电作用、物理吸附、离子交换等。生物炭能对重金属离子进行吸附，其表面的含氧基团起到了至关重要的作用，在吸附前后基团会发生变化。Dong 等（2011）在研究中提

出了生物炭吸附 Cr^{4+} 离子时主要的吸附力来源于静电力和表面的还原，同时生物炭中的无机盐成分也对吸附作用起到了积极的作用。生物炭吸附重金属离子是一个复杂的过程，对于其吸附具体细节的机理目前还很难在分子学层面清晰地揭示，但运用相关的检测仪器以及量子力学理论计算等工具，对生物炭表面的成分变化以及被吸附液中的离子浓度变化进行检测和计算，可对吸附的机理进行辅助性描述。

（2）密度泛函理论在解释基团吸附重金属离子机理上的应用

通过吸附动力学、吸附热力学、吸附等温线模型拟合等理论来对吸附作用机理进行模拟推测，具有一定的科学依据。但就生物炭对重金属离子吸附机理的研究而言，上述理论模型难以在微观层面上探明其作用机理，更不能在原子尺度上探析生物炭对重金属离子的作用机制。

量子力学在 20 世纪初被发现后，在许多学科内得到了快速的推广与应用。量子力学的基本假设是波函数与薛定谔方程，其中波函数包含所研究微观系统中的所有信息，如果能够求解波函数就可以获取研究体系的所有数据，而薛定谔方程则为获取系统中的信息提供了有效工具。在运用密度泛函理论（DFT）研究多粒子体系基态性质的过程中，其基本变量为电子密度分布。DFT 是量子化学、计算物理学的重要方法之一，目前已被诸多学科领域广泛采用。

科学技术的发展为多学科的交叉融合提供了新的方法。目前，既可将量子力学的理论运用于分子模拟以指导功能材料的改性，也可反过来将其用于解释功能材料吸附污染物的分子吸附机理研究，借以阐释吸附作用过程中的微观机理。DFT 能得到较为精确的几何构型与电子分布等信息。为了使理论计算过程简化，许多基于 DFT 的实用计算软件程序不断问世，比如 MS Visualizer、$DMol^3$、CASTEP、VASP 与 Gaussian 等，它们的应用也在一定程度上促进了 DFT 的快速发展。作为 Materials Studio（MS）软件的一个量子化学模块，$DMol^3$ 集成了数量较多的交换相关泛函，实际应用中又以广义梯度近似（Generalized Gradient Approximation，GGA）、DFT 及局域 DFT 为主。在化学界，为了探寻吸附剂吸附重金属离子的内部机理，常使用材料计算软件 MS 的量子力学模块 $DMol^3$ 及 MS Visualizer 进行处理，因为这些软件可针对生物炭表面官能团的静电势分布、重金属离子与表面官能团的吸附能变化以及电子行为等方面进行计算。李青竹（2011）采用 DFT 与前线轨道理论相结合的方法，利用 MS 软件 $DMol^3$ 模块计算了麦糟含有的和通过改性可能引入的各功能基团与多种重金属离子配合的稳定构型及前线轨道能量，阐释了羧基的引入可提高吸附材料对重金属离子的吸附性能，以此作为理论指导麦糟的改性，基于此分子设计研发了快速酯化改性麦糟的新方法；在麦糟表面引入羧基，并通过重金属离子吸附实验，证实了其吸附性能。张超等（2013）采用 DFT，通过优化几何构型并计算电子密度、氢键、电荷布居等，从理论水平上来阐释高岭土吸附水分子后的插层行为变化。陈浙锐等（2020）运用 MS 8.0 构建了高岭石（001）面的晶体模型，并通过 DFT 计算并比较了高岭石-水的氢键力与水-水的氢键力，来阐释高岭石吸附水分子的吸附机理。

1.4　研究意义及研究内容

1.4.1　研究目的及意义

我国矿产资源丰富，以矿产资源开发和生产加工为对象的冶金、化工、建材业比较发达，大量的重金属被开采、提炼和应用，在此过程中会不可避免地产生大量的废水，而废水中含有铜、铅、锌等重金属污染物，会对环境和人类健康造成严重危害，成为影响人类生存与可持续发展的社会问题。废水中含有的重金属污染物中，铅离子具有较高的毒性，是重金属污染物中较普遍也是毒性较大的一种，具有一定的代表性。所以，本书以铅离子（主要为 Pb^{2+}）为例，探究如何加强对废水中重金属离子的处理，这也是当前环境工程领域和化学界亟待解决的热点技术问题。

樟树叶的主要成分为纤维素、半纤维素和木质素，含有丰富的碳源，含碳量在 48% 左右。南方地区大量种植樟树，其分布极为广泛，是一种简单易得的可再生资源。其落叶废弃物虽然可以用来提取樟脑，但实际利用率比较低，大部分是作为垃圾焚烧或就地堆放腐烂，既污染了环境又造成了资源浪费。以樟树叶作为原料制备生物炭，不但来源广泛、成本低廉，而且生产工艺相对简单。所以，对用樟树叶制备生物炭加强研究，有助于实现经济效益与社会效益的有机统一，具有重要应用前景和实践意义。

课题组成员前期发现樟树叶基生物炭吸附剂对重金属离子表现出了优越的吸附性能，本书作为课题组工作的进一步深入和延续，着力于系统地开发利用樟树叶对重金属离子的吸附性能，并运用密度泛函理论，结合吸附动力学与热力学理论研究，来深入探究生物炭改性接入的可能基团对吸附重金属离子的贡献。本书以重金属离子 Pb^{2+} 为目标污染物，研究了樟树叶基生物炭材料吸附重金属离子过程中的关键技术问题。

1.4.2 研究内容

本书以樟树落叶为原料，通过慢速热解制备生物炭，并基于生物炭特性进行分子改性，以提高生物炭的吸附性能，在此基础上对生物炭吸附 Pb^{2+} 的性能与机理进行深入研究，并借助相关的仪器和检测手段来对比生物炭改性前后表面的变化。研究吸附工艺参数（温度、吸附时间、离子初始浓度及溶液 pH 等）对生物炭吸附重金属离子行为与性能的影响，以及吸附平衡、动力学和热力学问题，并借助量子力学中的密度泛函理论计算，采用 MS 软件从原子层面对生物炭主要结构及改性接入的表面官能团与 Pb^{2+} 之间的相互作用、电子行为等进行理论计算，旨在从原子层面揭示 Pb^{2+} 在生物炭吸附剂表面的吸附机理。本书的技术思路如图 1-7 所示，研究内容包括以下几方面的内容。

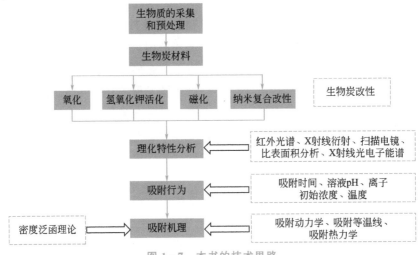

图 1-7　本书的技术思路

① 对生物炭进行氧化、氢氧化钾活化、磁化、纳米复合改性，制备新型生物炭吸附剂。并采用红外光谱、扫描电镜、比表面积分析、X 射线衍射、X 射线光电子能谱等检测方法研究生物炭的分子结构、表面形貌、孔隙结构等理化特性，以揭示其改性机理。

② 以生物炭对 Pb^{2+} 的吸附性能作为研究对象，考虑吸附时间、溶液 pH、离子初始浓度以及温度等因素对吸附性能的影响，并根据实验所得数据对生物炭吸附 Pb^{2+} 的规律进行科学描述。

③ 为了更加全面科学地阐释生物炭的吸附机理，借助吸附动力学、吸附等温线以及吸附热力学等相关理论，分析和完善目前的吸附模型；并借助量子

力学在化学材料计算方面的应用理论与方法，采用密度泛函理论，通过 Materials Studio 7.0 的量子力学 MS Visualizer 和 DMol^3 模块，从原子作用层面上探查生物炭与 Pb^{2+} 之间的作用机制、吸附过程中的电子转移行为，定量化计算改性前后以及引入不同官能团对生物炭吸附能力的影响，以期在技术层面为污水中重金属离子的去除提供参考。

1.4.3　研究创新点

本书主要的研究创新与特色包括以下几方面内容。

① 首次系统、全面地探究樟树叶基生物炭炭化与改性的方法，在此基础上，进行实验模型拟合，通过拟合的数据深入探讨吸附剂对 Pb^{2+} 的吸附机理。

② 采用氧化、氢氧化钾活化、磁化、纳米复合改性等方法对樟树叶基生物炭吸附剂进行改性研究，通过在生物炭表面引入活性官能团或负载复合物赋予其新的性能，为生物炭改性提供借鉴和参考。

③ 从吸附时间、溶液 pH、离子初始浓度和温度等方面考察和比较生物炭改性前后吸附 Pb^{2+} 的性能，初步探索条件变化对吸附过程的协同影响，为后续研究综合考虑和优化影响因子、提高吸附性能提供启发。

④ 将密度泛函理论引入对樟树叶基生物炭吸附重金属离子机理的系统阐释，从原子层面系统地阐释生物炭及改性引入的活性官能团与重金属离子在吸附过程中的相互作用，进行了包括活性位点的确定、静电势、吸附能变化规律及电子转移等方面的计算，对实验现象作出科学解释，可以为后续生物炭新改性方法的研究提供有益的参考方向和理论指导，为新型生物炭吸附剂的开发与重金属废水处理技术的发展奠定一定的理论基础。

第2章

生物炭的制备及其功能化改性与表征

生物炭对重金属离子的吸附能力主要依赖于生物炭表面含氧基团与比表面积，直接炭化制备的生物炭表面含氧基团活性较低，导致其对重金属离子的吸附性能较差，一般需要化学改性提高其吸附性能。改性方法有氧化剂氧化改性、酸碱活化改性、磁化改性、纳米复合物材料改性等。本章主要探究生物炭改性方法与改性机理并对樟树叶基生物炭的物理化学性质进行系统表征，为下一步探究功能化改性提高生物炭对重金属离子的吸附性能打下基础。

2.1 生物炭制备及功能化改性方法

2.1.1 生物炭的制备

取出樟树叶样品若干，将其制成粉末，并将样品混合均匀。将制备好的粉末样品放入坩埚内，扣盖后将装有样品的坩埚放入马弗炉内，将炉内温度设定为 450℃，采取真空加热的方式加热 120min，待样品自然冷却后取出进一步研磨，装入封口袋内，即得未改性生物炭（记为"BC"），简称生物炭。生物炭的产率由式 2-1 计算得到。

$$Y = \frac{m}{m_t} \times 100\% \qquad (2-1)$$

式中　Y——生物炭产率；

　　　m——生物炭质量；

　　　m_t——原料总质量。

2.1.2 氧化生物炭的制备

取 5g 生物炭（BC）与 2g 硝酸钾混合后，加入到 120mL 浓硫酸中，在冰水浴中搅拌 30min，然后加入 20g 高锰酸钾，继续搅拌 60min，升温至 40℃继续搅拌 30min，然后缓慢添加 230mL 去离子水，再加入少量过氧化氢，搅拌至不产生气泡，然后过滤，依次用去离子水、0.01mol/L 氢氧化钾溶液、去离子水充分清洗至中性，在 100℃ 下干燥 600min，轻微研磨后放入自封袋备用（记为 "OBC"）。

2.1.3　氢氧化钾活化生物炭的制备

将一定量的生物炭（BC）放入 1mol/L 氢氧化钾水溶液中，在室温下用磁力搅拌器搅拌 60min，搅拌速率为 300rpm，然后过滤，再用去离子水清洗至中性，在 100℃ 下干燥 600min，轻微研磨后放入自封袋备用（记为 "ABC"）。

2.1.4　磁性生物炭的制备

配制 Fe^{2+} 和 Fe^{3+} 离子混合溶液（Fe^{2+} 和 Fe^{3+} 的摩尔比为 1∶2）：称取 1.75mmol 硫酸铁和 3.50mmol 硫酸亚铁加入到去离子水中，搅拌直至充分溶解。将 5g 生物炭（BC）加入到 Fe^{2+} 和 Fe^{3+} 离子混合溶液中，搅拌 30min，搅拌速率为 300rpm，缓慢滴加氨水溶液（质量浓度为 30%）调节溶液 pH 至 11 左右，继续搅拌 120min，然后静置 300min，用去离子水和乙醇多次清洗后，在 100℃ 下干燥 600min，研磨后放入自封袋备用（记为 "MBC"）。

2.1.5　纳米复合生物炭的制备

配制碱性溶液：在 250mL 去离子水中加入 250mmol 氢氧化钾和 7.8125mmol 碳酸氢钠。

配制镁铝溶液：在 250mL 去离子水中加入 93.75mmol 硝酸镁和 31.25mmol 硝酸铝。将一定量的生物炭（BC）加入碱性溶液中，搅拌 30min，搅拌速率为 300rpm，然后以 10mL/min 的速率加入镁铝溶液，加完后静置 300min，用去离子水充分清洗，在 100℃ 下干燥 600min，研磨后放入自封袋备用（记为 "BCC"）。

2.2　生物炭及功能化改性生物炭制备机理

2.2.1　生物炭制备机理

生物炭的制备原料为樟树叶生物质，其主要成分包括纤维素、半纤维素、木质素以及多糖类物质，在炭化过程中这些组分受热分解转化为富碳材料。生物质中木质素、半纤维素和纤维素等物质的热分解温度分别为 200～260℃、240～350℃、280～500℃，故采用慢速热解进行制备，以这种方法制备获得的生物炭，产出比较高，大概为 1/3，炭化中质量的损失主要是因为生物质的脱氢反应。根据 Keiluweit 等（2010）提出的生物质热解过程中分子结构的演变机制，制备的生物炭包含过渡态、无定型态和类石墨烯结构的碳材料。此外，生物质原料热分解过程中会产生大量的孔隙结构，有利于增加生物炭的比表面积，丰富的孔隙结构可以促进吸附过程中的重金属离子扩散到生物炭内表面。

2.2.2　氧化生物炭制备机理

采用强氧化剂对生物炭进行氧化改性，生物炭会发生三种主要变化：①生物炭中的无机灰分被脱除（通过酸的溶解作用）；②生物炭表面含氧基团显著增加（由于强氧化剂的氧化作用）；③生物炭的表面积和孔隙结构发生改变（由于强氧化剂的侵蚀作用）。生物炭氧化改性过程如图 2-1 所示，生物炭表面部分碳元素被氧化成含氧基团（如羧基、羟基等），可提高生物炭对重金属离子的吸附能力。生物炭氧化改性过程对表面积和孔隙结构的影响有两方面：一方面氧化剂溶解生物炭中的无机组分并通过侵蚀作用增加了生物炭的表面积和孔隙结构；另一方面氧化剂的过度侵蚀造成生物炭微孔坍塌从而减小了生物炭的比表面积。氧化生物炭的产率为 72.65%，部分质量损失归因于灰分的脱除。

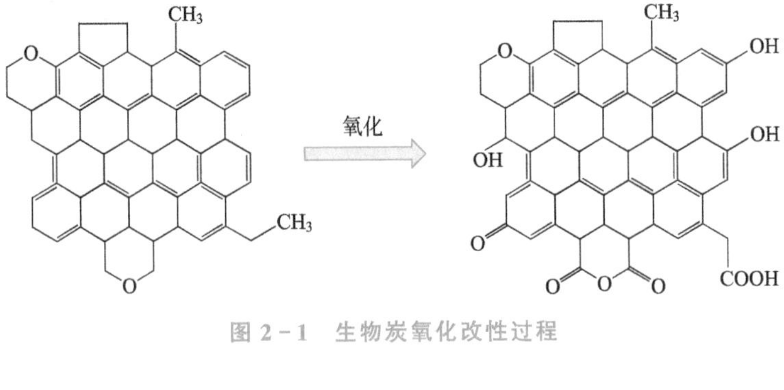

图 2-1　生物炭氧化改性过程

2.2.3　氢氧化钾活化生物炭制备机理

碱活化生物炭的制备机理主要是在高温条件下碱与碳发生化学反应，可产生更多孔隙结构，增加生物炭的比表面积。但高温活化具有强腐蚀性，为了避免这种强腐蚀性，可采用室温氢氧化钾溶液对生物炭进行活化改性。Petrović等（2016）认为氢氧化钾溶液的活化过程可以去除部分无定形纤维成分、疏通孔隙结构、增加表面不规则程度，进而增大比表面积，并且增加表面含氧基团，这些都有利于提高对重金属离子的吸附能力。Jin 等（2014）和 Huang等（2016）对城市固体废弃物生物炭和厌氧消化藻类牛粪生物炭进行了氢氧化钾溶液活化，通过扫描电镜、比表面积、红外光谱和元素分析研究发现，活化过程增加了生物炭的比表面积和非极性含氧官能团，生物炭活化后对重金属离子的吸附能力也有显著提高。碱溶液活化过程与氧化改性过程相似，生物炭主要发生三种变化：①通过与氢氧化钾反应部分去除生物炭中灰分；②去除部分无定型纤维成分及生物炭表面或孔隙中残留的炭化产物，增加生物炭比表面积；③改变生物炭表面元素含量，增加其含氧基团。氢氧化钾活化生物炭的产率为 86.52%。

2.2.4　磁性生物炭制备机理

为了解决小颗粒生物炭吸附剂的分离问题，可通过磁化改性使生物炭在外界磁场作用下实现固液分离，从而提高生物炭的实用性。磁化改性的方法是在生物炭表面负载铁磁性物质（零价铁、磁性氧化铁、四氧化三铁和铁氧体等），具体包括磁性物质共混法、浸渍炭化法和共沉淀法等。磁化改性过程主要产生两种效应：一是磁性颗粒为重金属离子的吸附提供吸附位；二是磁性颗粒在生物炭表面负载过程中会堵塞表面孔隙结构，从而减少生物炭比表面积。磁性生物炭对重金属离子的吸附能力是两种效应的综合结果。不同学者得到的研究结论并不一致，有的认为生物炭负载磁性粒子可以增加吸附能力，有的认为会降低吸附能力。但是磁性生物炭能够较为轻易地实现固液分离，从而提高生物炭作为吸附剂的实用性，这是不争的事实。生物炭的磁化改性过程如图 2-2 所示。

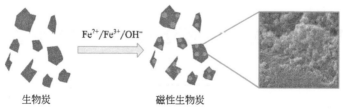

$Fe^{2+}/Fe^{3+}/OH^-$

生物炭　　　　　　　磁性生物炭

图 2-2　生物炭的磁化改性过程

本书采用共沉淀法在生物炭表面负载四氧化三铁纳米颗粒，使生物炭具备磁性，通过外加磁场，实现对磁性生物炭的磁性分离，实际效果如图 2-3 所示，

(a) 吸附前　　　　　　　　　　(b) 吸附后

图 2 - 3　吸附过程中磁性生物炭磁性分离的照片

从照片中可看出，很容易将磁性生物炭颗粒从水溶液中分离出来。

2.2.5　纳米复合生物炭制备机理

　　纳米复合生物炭即生物炭与层状氧化物的复合物，层状氧化物具有独特的结构和性质，在重金属离子吸附方面具有突出的潜力，但是单独制备的层状氧化物一般结构紧密，难以发挥其独特功能。生物炭具有良好的孔隙结构和较大比表面积，可以作为载体负载层状氧化物。通过一步共沉淀法可制备纳米复合生物炭，制备过程如图 2 - 4 所示。生物炭表面负载的镁铝层状氧化物能显著提高生物炭吸附重金属离子的能力。纳米复合生物炭同时具备生物炭和层状氧化物两种物质的特性，这为制备新型生物炭吸附剂提供了新的思路。

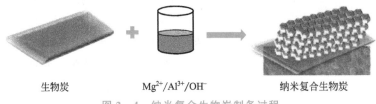

生物炭　　　　　　Mg²⁺/Al³⁺/OH⁻　　　　　纳米复合生物炭

图 2 - 4　纳米复合生物炭制备过程

2.3　生物炭及功能化改性生物炭的表征

2.3.1　傅里叶变换红外光谱（FT - IR）分析

　　傅里叶变换红外光谱是鉴定物质官能团的重要工具之一。通过红外光谱分析可以表征生物炭材料的表面官能团信息，包括官能团分类、相互作用、官能团的方向定位等。改性前后生物炭的红外光谱如图 2 - 5 所示。从图中可以看出，改性前后生物炭均在 3300～3500cm^{-1} 处出现强吸收峰，这是属于—OH 基团的伸缩振动峰，表明生物炭中含有大量—OH 基团；而—CH$_2$ 对应的对称和非对称振动峰（2920cm^{-1} 和 2851cm^{-1}）变得非常弱，表明生物炭的分子结构以芳香碳为主；1630cm^{-1} 处的强吸附峰表明—COOH、C —O 基团、芳环骨架的存在；1420cm^{-1} 处的吸附峰对应于 C =C 键；1000～1300cm^{-1} 范围内的吸收峰表明生物炭中 C—O、C—O—C、—OH、C—C、CO$_3^{2-}$ 等基团的存在。但与生物炭相比，四种功能化改性生物炭（简称改性生物炭）均在 3300～3500cm^{-1} 和 1630cm^{-1} 处表现出吸收峰值增强的趋势。除此之外，磁化改性生物炭［图 2 - 5(d)］在 589cm^{-1} 处出现的强吸收峰对应四氧化三铁，纳米复合生物炭［图 2 - 5(e)］在 500～1000cm^{-1} 处出现的吸收峰归属于 CO$_3^{2-}$ 和金属氧键结构。

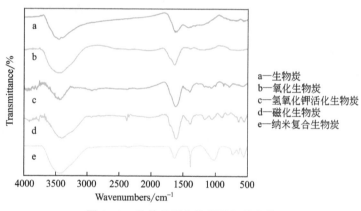

图 2 - 5 改性前后生物炭的红外光谱

从红外光谱的分析结果可以看出，生物炭的基本骨架为富碳（芳香碳）结构，并存在一定量的含氧基团。氧化生物炭、氢氧化钾活化生物炭、纳米复合生物炭分子结构中的含氧基团（例如—COOH、—OH 等）有所增加，证明改性过程在生物炭表面引入了大量的含氧基团；另外磁性生物炭在 589cm^{-1} 处出现的强吸收峰来源于 Fe—O 的伸缩振动，表明改性生物炭已成功负载磁性物质；纳米复合生物炭在 500～1000cm^{-1} 出现了 CO$_3^{2-}$ 和金属氧键强吸收峰，表明改性生物炭已成功负载了镁铝层状氧化物。

2.3.2 X 射线衍射（XRD）分析

生物质原料中碳水化合物成分中的木质素和半纤维素均为无定型结构，X

射线衍射分析不能检测，而纤维素存在晶型结构，可被检测到。为了更深入地了解改性前后生物炭的结构及成分，采用 X 射线衍射分析法，具体分析结果如图 2-6 所示。改性前后的生物炭均在 2θ 角为 15°、25° 和 30° 附近出现特征峰，表明所有生物炭均保留了部分晶体纤维素组分，并且存在少量的结晶碳物相。另外，氢氧化钾活化生物炭 ［图 2-6(c)］ 的 X 射线衍射分析图谱中，在 31°、36°、39°、43° 和 47° 等处出现的特征峰证实了少量碳酸钙的存在。磁性生物炭 ［图 2-6(d)］ 在 30.1°、35.4°、43.1°、57.4°、62.8° 等处出现的特征峰归属于四氧化三铁的 （220）、（311）、（400）、（531）、（440） 的特征峰，说明磁化改性已使生物炭成功负载了磁性四氧化三铁。

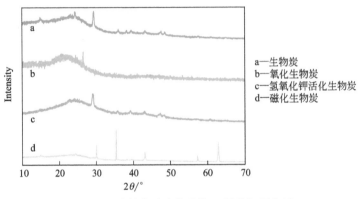

图 2-6　改性前后生物炭的 X 射线衍射分析

2.3.3　扫描电镜（SEM）分析

采用扫描电镜对改性前后生物炭的微观形貌和孔隙结构进行分析，见图 2-7。

（1）生物炭

生物炭基本保留了生物质原料固有的微观结构，樟树叶原料的表皮层比较平滑，炭化后表皮层的褶皱结构有所增加但不明显，而内部产生了发达的孔隙结构，这主要是生物质原料组分的热分解造成的。从图 2-7(a) 可以看出，生物炭的比表面积较大，这一内部结构能提升其对重金属离子的吸附能力。

（2）氧化生物炭

氧化生物炭经氧化作用后产生较多的孔隙结构，比表面积增大。相比于生物炭，氧化生物炭表面产生了更多褶皱形貌，这可能是化学氧化过程对生物炭

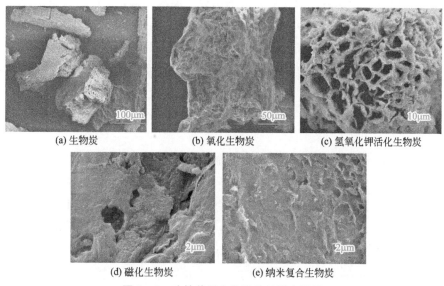

(a) 生物炭　　　　　　　(b) 氧化生物炭　　　　　(c) 氢氧化钾活化生物炭

(d) 磁化生物炭　　　　　　　(e) 纳米复合生物炭

图 2-7　改性前后生物炭的扫描电镜图

的表面腐蚀造成的。此外，氧化剂的侵蚀作用改善了生物炭的孔隙结构，对生物炭的比表面积有一定影响。观察氧化生物炭［图 2-7(b)］的微观形貌，可以看出氧化生物炭具有丰富的孔隙结构，有利于吸附过程中重金属离子的传递、转移以及与表面吸附位的接触。

(3) 氢氧化钾活化生物炭

如图 2-7(c) 所示，经氢氧化钾活化改性后的生物炭具有明显的多孔结构，比生物炭与氧化生物炭表现出更多的褶皱形貌。根据氢氧化钾活化改性机理，氢氧化钾活化生物炭在保留了原来部分未充分分解的纤维素的同时去除了部分碳水化合物和灰分等成分，疏通了孔隙结构，增加了表面不规则程度，进而增大了比表面积，也增强了对重金属离子的吸附能力。

(4) 磁性生物炭

从图 2-7(d) 中看出，生物炭经磁化改性后，在生物炭的孔隙中出现团聚的磁性氧化铁颗粒。磁性氧化铁颗粒的粒径为纳米尺寸，纳米磁性氧化铁颗粒具有较大的比表面积，但是磁性颗粒发生明显团聚并填充到生物炭的微孔中，在一定程度上又减小了生物炭的比表面积。

(5) 纳米复合生物炭

红外光谱分析已经证实纳米复合生物炭表面负载有镁铝层状氧化物成分，进一步采用扫描电镜研究纳米复合生物炭表面微观形貌，如图 2-7(e) 所示。

从图中可以看出，纳米复合生物炭表面出现片层状结构，这些结构与层状氧化物的微观结构非常吻合，进而证实纳米复合生物炭表面确实负载有层状氧化物。镁铝层状氧化物并没有规则地堆叠到一起，而是杂乱地分散在生物炭表面，其良好的分散性有利于充分发挥两种物质的特性，提高纳米复合生物炭的吸附性能。

2.3.4 比表面积分析

扫描电镜分析已帮助我们直观地了解了生物炭材料的微观结构，为进一步深化了解，本书采用氮气吸附-脱附测定了改性前后生物炭的比表面积和微孔结构，并进行了详细分析，结果如图 2-8 和表 2-1 所示。根据国际理论与应用化学会（International Union of Pure and Applied Chemistry，IUPAC）的分类，改性前后生物炭的氮气吸附-脱附曲线属于 Ⅳ 型，并具有 H3 滞后环，表明生物炭材料存在大量不规则的大孔和介孔结构。生物炭比表面积约为 $4.36m^2/g$，氧化生物炭比表面积约为 $20.66m^2/g$，氢氧化钾活化生物炭的比表面积约为 $75.18m^2/g$。与生物炭相比，氧化生物炭与氢氧化钾活化生物炭比表面积显著增加，说明氧化改性与氢氧化钾活化改性对生物炭的孔隙结构有较大的改善作用，大幅提高了生物炭的比表面积。氧化生物炭与氢氧化钾活化生物炭的外表面面积分别约为 $13.41m^2/g$ 和 $27.29m^2/g$，说明它们具有较多的微孔结构。测定磁性生物炭的比表面积约为 $10.36m^2/g$，与氧化生物炭的比表面积（$20.66m^2/g$）和氢氧化钾活化生物炭的比表面积（$75.18m^2/g$）相比，磁性生物炭比表面积较小，并且总孔体积和外表面面积也较小，这是由于磁化改性过程中生成的磁性氧化铁颗粒填充了生物炭孔隙，从而减小了总比表

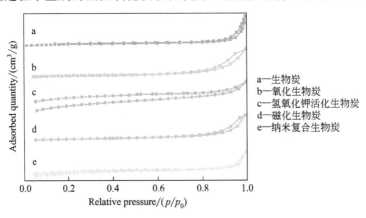

a—生物炭
b—氧化生物炭
c—氢氧化钾活化生物炭
d—磁化生物炭
e—纳米复合生物炭

图 2-8 改性前后生物炭的比表面积分析

面积，这与扫描电镜分析结果具有一致性。测定纳米复合生物炭的比表面积约为 $5.72m^2/g$，微孔和总孔体积分别约为 $0.0010cm^3/g$ 和 $0.0118cm^3/g$，表明纳米复合生物炭中微孔结构很少，主要是介孔和大孔结构，其比表面积相对也较小，这是由于改性过程产生的镁铝层状氧化物等物质堵塞了生物炭的微孔结构，使得其总比表面积较小。

表 2-1　改性前后生物炭的比表面积和微孔结构分析

样品	比表面积 /(m²/g)	外表面面积 /(m²/g)	微孔体积 /(cm³/g)	总孔体积 /(cm³/g)	孔径 /nm
生物炭	4.3579	6.3047	0.0007	0.0059	252.4573
氧化生物炭	20.6644	13.4059	0.0037	0.0722	137.113
氢氧化钾活化生物炭	75.1819	27.2839	0.0248	0.0852	29.4396
磁性生物炭	10.3649	8.2916	0.0248	0.0488	184.1298
纳米复合生物炭	5.7249	7.4043	0.0010	0.0118	79.7865

2.3.5　X 射线光电子能谱 (XPS) 分析

通过 X 射线光电子能谱对改性前后生物炭表面元素进行分析，得到改性前后生物炭表面元素含量如表 2-2 所示。生物炭的主要成分为碳元素（81.94%），含有一定量的氧元素（17.44%）和少量的钾元素（0.25%），碳元素和氧元素主要来源于生物质中的木质纤维素成分，少量的钾元素主要来源子生物质中的矿物质或者灰分。氧化生物炭氧元素显著增加，其碳元素和氧元素含量分别为 74.92% 和 22.65%。由于 X 射线光电子能谱是半定量分析，不能直接对比元素含量，因此以氧碳比为指标分析改性后氧元素含量变化，氧化改性后生物炭的氧碳比由 0.21 增加到 0.30，证明改性过程显著增加了表面含氧基团。

氢氧化钾活化生物炭所含的主要元素为碳、氧、钾，含量分别为 81.81%、16.46%、1.75%。与生物炭相比，其钾元素含量显著增加，证明氢氧化钾活化改性在生物炭表面引入了钾元素。氢氧化钾活化生物炭表面的钾元素可以作为离子交换位点，提升生物炭的吸附能力。生物炭中没有检测到铁元素，而磁性生物炭铁元素含量为 5.76%，证明磁化改性使生物炭表面负载了含铁物相，并且磁性生物炭的氧碳比显著增加也表明负载的可能是铁的氧化物。通过光谱分析能够进一步获取改性前后生物炭中不同元素的化学信息。

表 2 - 2　改性前后生物炭表面元素含量

样品	碳含量/%	氧含量/%	氧碳比	铁含量/%	钾含量/%
生物炭	81.94	17.44	0.21	—	0.25
氧化生物炭	74.92	22.65	0.30	—	0.21
氢氧化钾活化生物炭	81.81	16.46	0.20	—	1.75
磁性生物炭	68.96	24.65	0.36	5.76	0.63

（1）生物炭

生物炭的 Cls 高分辨图谱如图 2 - 9(a) 所示，对碳峰进行分峰拟合得到三个峰，284.8eV 处的峰归属于 C—C/C＝C 键，286.2eV 处的峰归属于 C—O 键，288.6eV 处的峰归属于 C＝O 键。Ols 高分辨图谱如图 2 - 9(b) 所示，对氧峰进行分峰拟合得到两个峰，531.6eV 处的峰归属于 C＝O 键，533.3eV 处的峰归属于 C—O 键。XPS 分析表明生物炭拥有脂肪碳和芳香碳结构，并且表面存在含氧基团。

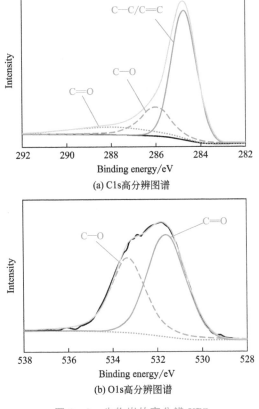

(a) Cls高分辨图谱

(b) Ols高分辨图谱

图 2 - 9　生物炭的高分辨 XPS

（2）氧化生物炭

图 2 - 10(a) 显示了氧化生物炭的 Cls 高分辨图谱，对碳峰进行分峰拟合得到 284.8eV、286.2eV、288.6eV 三个峰，分别归属于 C—C/C ═C 键、C—O 键、C ═O 键。图 2 - 10(b) 显示了 Ols 高分辨图谱，对氧峰进行分峰拟合得到 531.6eV、533.2eV 两个峰，分别归属于 C ═O 键、C—O 键。与生物炭相比，氧化生物炭表面氧元素含量增加，含氧基团也显著增加，表明氧化生物炭表面含有大量含氧基团，主要为—OH、—COOH 等。

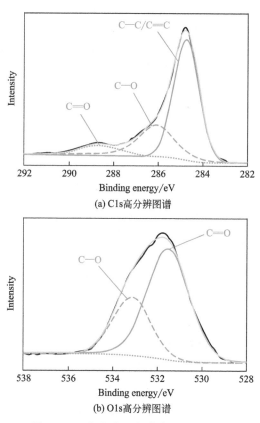

(a) C1s高分辨图谱

(b) O1s高分辨图谱

图 2 - 10　氧化生物炭的高分辨率 XPS

（3）氢氧化钾活化生物炭

图 2 - 11(a) 显示了氢氧化钾活化生物炭的 Cls 高分辨图谱，对碳峰进行分峰拟合得到 284.8eV、286.2eV、288.4eV 三个峰，分别归属于 C—C/C ═C 键、C—O 键、C ═O 键。图 2 - 11(b) 显示了 Ols 高分辨图谱，对氧峰进行分峰拟合得到 531.6eV 和 533.3eV 两个峰，分别归属于 C ═O 键和 C—

O 键。说明氢氧化钾活化生物炭表面也含有一定量的含氧基团。

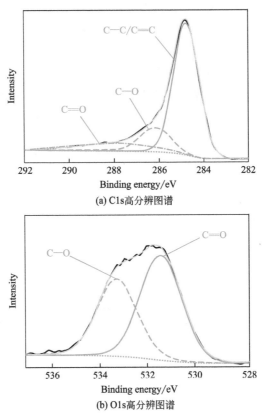

(a) C1s高分辨图谱

(b) O1s高分辨图谱

图 2 - 11　氢氧化钾活化生物炭的高分辩 XPS

（4）磁性生物炭

磁性生物炭的 XPS 总谱如图 2 - 12(a) 所示，286eV、532eV、711eV 处的特征峰分别为 C1s、O1s、Fe2p 特征峰。图 2 - 12(b) 显示了 C1s 高分辨图谱，对碳峰进行分峰拟合得到 C—C/C $=$ C 键（284.7eV）、C—O 键（286.1eV）、C $=$ O 键（288.8eV）的特征峰。图 2 - 12(c) 显示了 O1s 高分辨图谱，对氧峰进行分峰拟合得到 530.1eV、531.5eV 和 533.2eV 三个峰，分别归属于晶格氧（O_2^-）、羟基氧（OH^-）和吸附氧（H_2O），晶格氧主要存在于四氧化三铁中，羟基氧主要存在于生物炭中，吸附氧可能是四氧化三铁或生物炭表面吸附的结合水分子。图 2 - 12(d) 显示了铁元素的高分辨 XPS，Fe2p 图谱显示了 Fe2p$_{1/2}$ 和 Fe2p$_{3/2}$ 峰，进行分峰拟合，其中 710.8eV 和 724.3eV 归属于 Fe^{2+}，712.7eV 和 726.2eV 归属于 Fe^{3+}，718.8eV 归属于

Fe^{3+} 的卫星峰。XPS 表明磁性生物炭中铁物相为四氧化三铁。

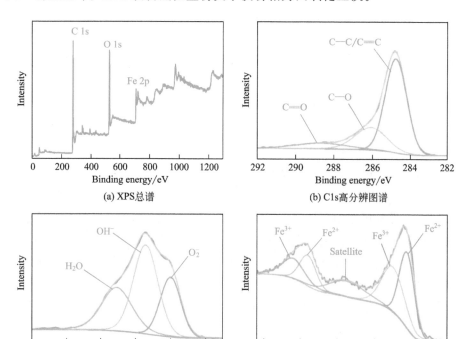

(a) XPS总谱

(b) C1s高分辨图谱

(c) O1s高分辨图谱

(d) Fe2P高分辨图谱

图 2-12　磁性生物炭的高分辨 XPS

2.4　本章小结

　　本章主要以樟树叶作为生物质原料，通过慢速热解制备得到生物炭，研究了生物炭的化学改性机理与改性方法。通过氧化改性、氢氧化钾活化改性、磁化改性和纳米复合改性四种生物炭改性方法对生物炭进行了改性，并利用傅里叶变换红外光谱、X 射线衍射、扫描电镜、氮气吸附-脱附分析技术、X 射线光电子能谱对改性前后生物炭的性质进行表征，从分子、官能团等微观层面系统阐明了功能化改性机理。研究结果如下。

　　① 对生物炭的物理化学性质研究表明，生物炭保留了生物质原料的微观形貌和部分纤维素晶体结构，具有一定的孔隙结构和含氧基团，通过 X 射线光电子能谱分析得出氧碳比为 0.21。

② 与生物炭相比，氧化生物炭的微观结构有所改善，介孔和比表面积有所增加，通过 X 射线光电子能谱分析得到氧碳比为 0.30，氧含量比生物炭显著增高。说明氧化改性在生物炭表面引入了更多含氧官能团，特别是—CH(O)CH—、—OH、—C＝O 和—COOH 等。

③ 通过对氢氧化钾活化生物炭进行表征分析，发现氢氧化钾活化改善了生物炭的微观结构，孔隙结构和比表面积显著增加，并引入了更多的含氧官能团，其中主要是—C＝O 和—COOH 等，这些含氧官能团改善了生物炭的物理化学性质。同时，通过 X 射线光电子能谱分析钾含量，与生物炭相比，其钾显著增加，这可作为离子交换位点来提高生物炭的吸附性能。

④ 采用简单可行的共沉淀法在生物炭表面负载磁性颗粒，使得磁性生物炭可以在外界磁场作用下从水溶液中较为容易地分离，提高了其实用性。通过多种分析技术表征磁性生物炭的性质，发现改性使生物炭表面成功负载四氧化三铁，X 射线光电子能谱分析得出其氧碳比为 0.36，与生物炭氧碳比相比有显著提高，这主要归因为四氧化三铁含量的增加。

⑤ 采用一步共沉淀法制备纳米复合生物炭，为生物炭改性提供了新的技术思路。通过扫描电镜技术分析纳米复合生物炭的微观形貌，发现纳米复合生物炭表面均匀负载有镁铝层状氧化物。结合氮气吸附-脱附分析结果发现，纳米复合生物炭中微孔数量减少，主要存在的是介孔和大孔。比表面积分析发现纳米复合生物炭比表面积较小，这可能与改性过程中产生的镁铝层状氧化物堵塞生物炭的孔隙结构有关。

第3章

功能化改性前后生物炭对Pb²⁺的吸附性能

生物炭具有良好的孔隙结构、较大的比表面积和丰富的表面基团，又具有低成本、可再生、制备工艺简单等特点，在吸附重金属离子方面具有较大的潜能。直接制备得到的生物炭吸附性能较差，通过物理或化学手段对其改性可显著提高生物炭吸附性能，使得功能化改性生物炭具有广阔的应用前景。为深入研究功能化改性生物炭的吸附性能，本章以 Pb^{2+} 为目标重金属，通过静态吸附实验考察吸附时间、吸附温度、溶液 pH 和离子初始浓度等因素对功能化改性前后生物炭吸附 Pb^{2+} 性能的影响，阐释其规律，并考察不同生物炭材料的循环使用性能。

3.1 吸附时间对吸附过程的影响

吸附速率是吸附过程的重要参数，也是评价吸附剂性能的重要指标，较快的吸附速率可以缩短吸附时间和含有重金属离子的废水的处理周期。通过考察吸附平衡所需时间，可以评价生物炭材料对重金属离子的吸附性能。

3.1.1 生物炭

吸附时间对生物炭吸附过程的影响如图 3-1 所示。生物炭对 Pb^{2+} 的去除率和吸附量随吸附时间的增加逐渐增加，最终达到最大值。一般吸附过程分为三个阶段：初始阶段是金属离子在溶液主体中快速扩散并转移至吸附剂附近，第二阶段是离子在颗粒表面扩散，最终阶段是离子到达颗粒表面或内部吸附位，并通过物理或化学作用结合到吸附剂上。

由于吸附材料的物理化学性质不同，在不同阶段，金属离子在材料表面被吸附的速率也不相同。初始阶段，生物炭对 Pb^{2+} 的吸附效率迅速增加，主要是由于生物炭表面存在大量吸附位，溶液中 Pb^{2+} 能迅速转移到生物炭表面，这使得溶液主体中 Pb^{2+} 含量急速下降。在之后的阶段中，生物炭表面吸附位逐渐被吸附溶液中的 Pb^{2+} 填充，吸附位也逐渐减少直至达到吸附平衡，此时去除效果达到最佳。从图 3-1 可以看出，生物炭吸附 Pb^{2+} 达到动态平衡的时间为 180min，去除率达到 97.20%，生物炭对 Pb^{2+} 的吸附量为 48.89mg/g。由此可以看出，生物炭对溶液中的 Pb^{2+} 有较强的吸附能力。

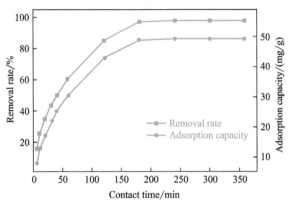

图 3-1　吸附时间对生物炭吸附过程的影响

（反应条件：生物炭 4g/L，Pb^{2+} 浓度 200mg/L，温度 30℃）

3.1.2　氧化生物炭

吸附时间对氧化生物炭吸附过程的影响如图 3-2 所示。随时间逐渐增加，Pb^{2+} 的去除率和吸附量显著增加，并逐渐达到吸附平衡。氧化生物炭对 Pb^{2+} 的吸附主要分为两个阶段：60min 以内吸附速率较快，主要是由于这一阶段的 Pb^{2+} 在溶液和生物炭表面能快速扩散和转移；60min 以后吸附基本达到平衡

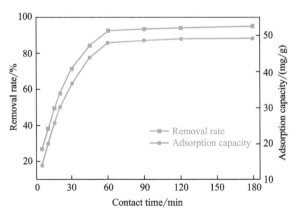

图 3-2　吸附时间对氧化生物炭吸附过程的影响

（反应条件：氧化生物炭 4g/L，Pb^{2+} 浓度 200mg/L，温度 30℃）

阶段，离子去除率和吸附量基本不随时间增加而变化。与生物炭相比（吸附平衡耗时 180min），氧化生物炭吸附速率得到显著提高，原因是氧化改性过程改善了生物炭的孔隙结构和表面官能团。吸附时间为 60min 时，Pb²⁺ 去除率为92.78%，氧化生物炭对 Pb²⁺ 的吸附量为 48.16mg/g。

3.1.3　氢氧化钾活化生物炭

吸附时间对氢氧化钾活化生物炭吸附过程的影响如图 3-3 所示。随时间增加，Pb²⁺ 的去除率和吸附量显著增加，并逐渐达到吸附平衡。从图 3-3 中可以看出，氢氧化钾活化生物炭对 Pb²⁺ 的吸附同样包含两个主要阶段：快速吸附阶段和平衡吸附阶段。前者表明 Pb²⁺ 在溶液和氢氧化钾活化生物炭表面进行快速扩散和转移，后者表明吸附基本达到平衡，离子去除率和吸附量基本不随时间增加而变化。吸附平衡时间为 30min，Pb²⁺ 去除率为 99.83%，氢氧化钾活化生物炭对 Pb²⁺ 的吸附量为 50.22mg/g，与氧化生物炭相比，氢氧化钾活化生物炭对 Pb²⁺ 具有更好的吸附性能。

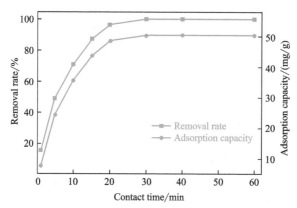

图 3-3　吸附时间对氢氧化钾活化生物炭吸附过程的影响

（反应条件：活化生物炭 4g/L，Pb²⁺ 浓度 200mg/L，温度 30℃）

3.1.4　磁性生物炭

吸附时间对磁性生物炭吸附过程的影响如图 3-4 所示。随吸附时间的增加，Pb²⁺ 的去除率和吸附量也迅速增加，并逐渐达到最大值。吸附过程大致可分为三个阶段：初始阶段，溶液中存在大量自由态的 Pb²⁺，并且磁性生物炭表面存在大量吸附位，使得 Pb²⁺ 从溶液主体中迅速转移到磁性生物炭表面，吸附时间小于 60min 时，Pb²⁺ 的去除率和吸附量增加迅速；第二阶段，溶液

中存在少量 Pb^{2+} 并且磁性生物炭表面被 Pb^{2+} 覆盖，使得吸附速率变慢；最终阶段，随着吸附时间进一步增加，吸附逐渐达到平衡态，Pb^{2+} 的去除率和吸附量也达到最大值，并且基本保持不变。吸附时间为 60min 时，吸附达到平衡，Pb^{2+} 去除率为 73.55%，磁性生物炭对 Pb^{2+} 的吸附量为 38.18mg/g。与氢氧化钾活化生物炭相比，其吸附达到平衡所需时间增加，吸附量降低，这主要是因为生物炭负载的磁性颗粒填充到生物炭孔隙结构中，不利于 Pb^{2+} 的扩散和转移。

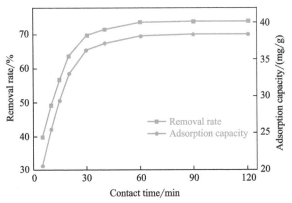

图 3-4　吸附时间对磁性生物炭吸附过程的影响

（反应条件：磁性生物炭 4g/L，Pb^{2+} 浓度 200mg/L，温度 30℃）

3.1.5　纳米复合生物炭

吸附时间对纳米复合生物炭吸附过程的影响如图 3-5 所示。随时间逐渐增加，Pb^{2+} 的去除率和吸附量呈增加趋势，但不同时间段的增加幅度有显著差异。吸附过程大致分为快速吸附、颗粒扩散和吸附平衡三个阶段。快速吸附阶段溶液中存在的大量 Pb^{2+} 迅速从溶液主体转移至吸附剂表面，吸附时间小于 15min 时呈现快速吸附。经历过快速吸附阶段后，溶液中 Pb^{2+} 数量迅速减少，吸附速率变慢，速率主要由颗粒扩散决定，Pb^{2+} 在吸附剂附近扩散到表面吸附位，这一阶段主要发生在 15～30min。吸附平衡阶段中 Pb^{2+} 通过物理或化学作用结合到吸附剂上，达到吸附平衡。由于生物炭表面负载的镁铝层状氧化物结构中存在阳离子（Al^{3+}、Mg^{2+}），这些离子可以通过离子交换提供更多吸附位，因而随着吸附的进行，Pb^{2+} 的去除率和吸附量还会缓慢增加。吸附时间为 60min 时，基本达到平衡，Pb^{2+} 去除率和吸附量分别为 92.44% 和 50.56mg/g。

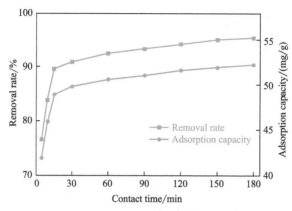

图 3 – 5　吸附时间对纳米复合生物炭吸附过程的影响

（反应条件：纳米复合生物炭 4g/L，Pb²⁺ 浓度 200mg/L，温度 30℃）

3.2　溶液 pH 对吸附过程的影响

溶液 pH 对吸附过程有非常大的影响，是吸附工艺的关键参数。在考察 pH 对吸附过程的影响前，需要对水环境中铅离子的化学形态及饱和指数进行理论计算。

3.2.1　铅离子化学形态及饱和指数理论计算

对 Visual MINTEQ 3.1 软件界面参数进行设定：离子强度为"To be calculated"、浓度单位为"Molal"、温度为"25℃"，添加组分铅离子并设置浓度为"0.01Molal"，pH 设置为"Fix at..."。改变 pH，铅离子会与溶液中氢氧根离子（OH⁻）结合，水溶液中铅离子的存在形态主要有 Pb^{2+}、$Pb(OH)_2$、$[Pb(OH)_3]^-$、$[Pb_2(OH)]^{3+}$、$[Pb_3(OH)_4]^{2+}$、$[Pb_4(OH)_4]^{4+}$ 和 $[Pb(OH)]^+$，详见图 3-6(a)。酸性环境下铅离子的存在形式主要为二价阳离子；当提升溶液 pH 时，铅离子的形态会发生改变：溶液 pH 小于 6.0 时，水溶液中 Pb^{2+} 相对含量基本为 100%；pH 大于 6.0 时，水溶液中 Pb^{2+} 转化为其他离子形态，Pb^{2+} 相对含量显著减小；随着 pH 增加，水溶液中 Pb^{2+} 离子依次主要转化为 $[Pb_4(OH)_4]^{4+}$、$[Pb_3(OH)_4]^{2+}$、$[Pb(OH)_3]^-$。研究吸附剂对 Pb^{2+} 的吸附性能时，为避免 Pb^{2+} 发生转化或其他形态铅离子对 Pb^{2+} 产生影响，实验过程中需要控制溶液 pH 小于 6.0。

饱和指数用于判断物质的溶解平衡。在 Pb^{2+} 的吸附实验中所使用的是 $Pb(NO_3)_2$ 溶液，通过软件 Visual MINTEQ 3.1 计算铅离子的饱和指数，结果如图 3-6(b) 所示。水溶液中的铅离子可能转化为 PbO、$Pb(OH)_2$ 和 $Pb_2O(OH)_2$ 三种沉淀化合物，化合物的饱和指数随 pH 增大而逐渐增大，出现由负值逐渐变为正值的情况，在溶液 pH 大于 11.0 时，化合物的饱和指数略有减小。在 pH 小于 6.0 时，三种沉淀化合物的饱和指数基本为负值，意味着它们处于溶解状态。随着 pH 增加，$Pb(OH)_2$ 的饱和指数先变为零，在 pH 约为 5.8 时，处于溶解平衡，进一步增加 pH，$Pb(OH)_2$ 处于过饱和状态，铅离子有可能转换为 $Pb(OH)_2$ 沉淀。因此，对饱和指数的研究也表明为研究 Pb^{2+} 离子的吸附机制，实验过程中需要控制溶液 pH 小于 6.0。

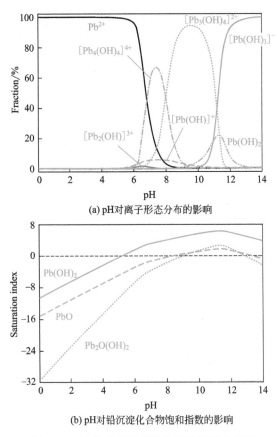

(a) pH对离子形态分布的影响

(b) pH对铅沉淀化合物饱和指数的影响

图 3-6　软件对铅离子形态理论计算的结果

以上计算结果证明：溶液 pH 对生物炭吸附能力存在显著影响，Pb²⁺ 在不同 pH 条件下与氢氧根离子结合形成不同形态，溶液中 Pb²⁺ 离子在 pH 大于 6.0 时会转化为 $Pb(OH)_2$ 沉淀。此外，溶液 pH 能影响吸附剂表面官能团，酸性溶液中表面基团结合氢离子会发生质子化，阻碍重金属离子吸附。故考察生物炭对重金属离子的吸附过程须对溶液 pH 的影响规律进行研究。

3.2.2　生物炭

溶液 pH 对生物炭吸附过程的影响如图 3-7 所示。随着溶液 pH 增加，生物炭对 Pb²⁺ 的吸附量和去除率逐渐增大。pH 大于 4.0 时，去除率和吸附量受溶液 pH 影响较小。pH 小于 4.0 时，去除率和吸附量随 pH 减小而显著下降，并且在 pH 等于 1.0 时，生物炭对 Pb²⁺ 基本没有吸附能力。这主要是由于酸性溶液中 H⁺ 与 Pb²⁺ 发生竞争吸附，生物炭表面基团质子化而吸附位减少，并且带正电的 H⁺ 使得生物炭表面呈现正电，与带正电的 Pb²⁺ 产生排斥作用，从而阻碍了 Pb²⁺ 的吸附。

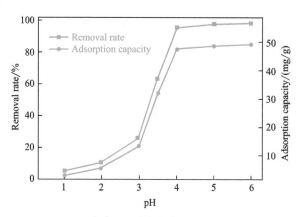

图 3-7　溶液 pH 对生物炭吸附过程的影响

（反应条件：生物炭 4g/L，Pb²⁺ 浓度 200mg/L，吸附时间 180min，温度 30℃）

3.2.3　氧化生物炭

溶液 pH 对氧化生物炭吸附过程的影响如图 3-8 所示。随着溶液 pH 逐渐增加，氧化生物炭对 Pb²⁺ 的吸附效果逐渐增强。pH 小于 4.0 时，离子去除率与吸附量随 pH 减小而显著下降；pH 介于 4.0 和 6.0 之间时，Pb²⁺ 去除率和吸附量受溶液 pH 影响不大。

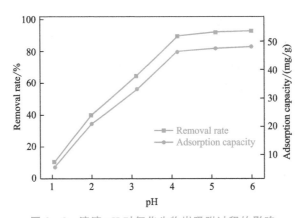

图 3-8　溶液 pH 对氧化生物炭吸附过程的影响

（反应条件：氧化生物炭 4g/L，Pb²⁺ 浓度 200mg/L，吸附时间 60min，温度 30℃）

3.2.4　氢氧化钾活化生物炭

溶液 pH 对氢氧化钾活化生物炭吸附过程的影响如图 3-9 所示。随着溶液 pH 逐渐增加，氢氧化钾活化生物炭对 Pb²⁺ 的吸附效率也逐渐提高。pH 在 1.0 左右时，氢氧化钾活化生物炭对 Pb²⁺ 基本无吸附效果。pH 介于 2.0 和 4.0 之间时，离子去除率和氢氧化钾活化生物炭对 Pb²⁺ 的吸附量随 pH 增加而迅速增加，去除率由 17.15% 增加到 99.02%，Pb²⁺ 吸附量由 8.63mg/g 增加到 49.81mg/g。在 pH 介于 4.0 和 6.0 之间时，Pb²⁺ 去除率和吸附量受溶液 pH 影响不大，pH 从 4.0 升到 6.0，去除率增加了 0.81%，吸附量增加了 0.4mg/g。

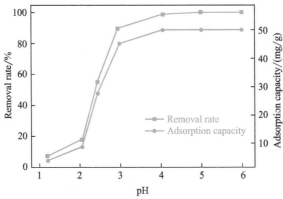

图 3-9　溶液 pH 对氢氧化钾活化生物炭吸附过程的影响

（反应条件：氢氧化钾活化生物炭 4g/L，Pb²⁺ 浓度 200mg/L，吸附时间 30min，温度 30℃）

3.2.5　磁性生物炭

溶液 pH 对磁性生物炭吸附过程的影响如图 3 - 10 所示。随着溶液 pH 增加，磁性生物炭对 Pb²⁺ 的去除率和吸附量逐渐增加。pH 小于 2.0 时，去除率和吸附量较小，磁性生物炭对 Pb²⁺ 的吸附效率非常低。原因在于：一是溶液中存在大量 H⁺ 造成竞争吸附和官能团质子化；二是酸性溶液溶解磁性生物炭表面磁性粒子，降低了 Pb²⁺ 吸附效率。pH 介于 2.0 与 4.0 之间时，去除率和吸附量随 pH 增加而迅速增加。pH 介于 5.0 与 6.0 之间时，吸附受溶液 pH 影响较小，但吸附效率依然较高。

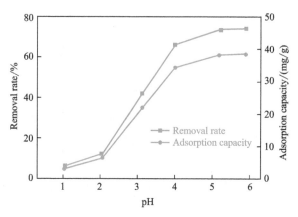

图 3 - 10　溶液 pH 对磁性生物炭吸附过程的影响

（反应条件：磁性生物炭 4g/L，Pb²⁺ 浓度 200mg/L，吸附时间 60min，温度 30℃）

3.2.6　纳米复合生物炭

溶液 pH 对纳米复合生物炭吸附过程的影响如图 3 - 11 所示。随着溶液 pH 逐渐增加，Pb²⁺ 去除率和吸附量逐渐增加。溶液 pH 小于 3.0 时吸附受溶液 pH 影响显著，pH 从 1.5 增加到 3.0，去除率由 43.32% 增加到 87.95%，吸附量由 23.70mg/g 增加到 48.11mg/g。溶液 pH 介于 3.0 和 4.0 之间时，纳米复合生物炭吸附 Pb²⁺ 受溶液 pH 影响较小。溶液 pH 介于 4.0 和 6.0 之间时，吸附基本不受溶液 pH 影响。相比于生物炭、氧化生物炭、氢氧化钾活化生物炭和磁性生物炭，纳米复合生物炭对 Pb²⁺ 的吸附具有更宽的不受 pH 影响的范围，这主要是由于镁铝层状氧化物对酸性溶液有一定缓冲作用。

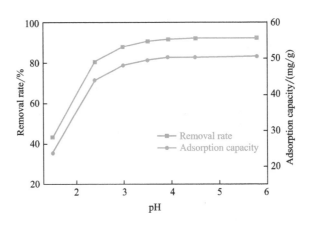

图 3 - 11　溶液 pH 对纳米复合生物炭吸附过程的影响

(反应条件：纳米复合生物炭 4g/L，Pb²⁺ 浓度 200mg/L，吸附时间 60min，温度 30℃)

根据上述结果可以看出，五种生物炭材料在 Pb²⁺ 溶液自然 pH 条件下具有良好的吸附性能，因此进行其他因素考察的吸附实验时均未调整 Pb²⁺ 溶液 pH，均选择在 Pb²⁺ 溶液自然 pH(6.0±0.2) 下进行。

3.3　离子初始浓度对吸附过程的影响

不同废水中所含的重金属离子浓度不同，重金属离子浓度对吸附过程有一定的影响。因此，考察不同重金属离子浓度下改性前后生物炭的吸附效果，能够探究不同重金属离子浓度下改性前后生物炭的适用性，具有较大的现实意义。

3.3.1　生物炭

考察 Pb²⁺ 初始浓度对生物炭吸附过程的影响，结果如图 3 - 12 所示。从总体上看，Pb²⁺ 去除率随着初始浓度的增大而降低，当初始浓度小于 200mg/L 时 Pb²⁺ 去除率最大，为 99.16%；当初始浓度高于 200mg/L 时，去除率迅速下降。吸附量则随着初始浓度增加而逐渐增加，低浓度时增加趋势比较明显。当初始浓度为 800mg/L 时，吸附量达到最大，最大吸附量为 62.25mg/g。

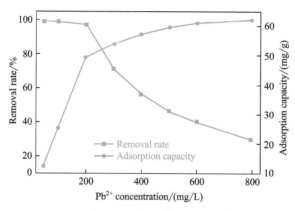

图 3 - 12　Pb²⁺ 初始浓度对生物炭吸附过程的影响

（反应条件：生物炭 4g/L，吸附时间 180min，温度 30℃）

3.3.2　氧化生物炭

考察 Pb²⁺ 初始浓度对氧化生物炭吸附过程的影响，结果如图 3 - 13 所示。Pb²⁺ 去除率随着初始浓度的增加而逐渐减小，而氧化生物炭对 Pb²⁺ 的吸附量随着初始浓度的增加而显著增大。从去除率的角度看，Pb²⁺ 初始浓度低于100mg/L 时，去除效果较好，去除率大于 96.94％。随着 Pb²⁺ 的初始浓度升高，氧化生物炭的吸附能力也逐渐增大，其吸附量在初始浓度为 800mg/L 时达到最大值 98.20mg/g。

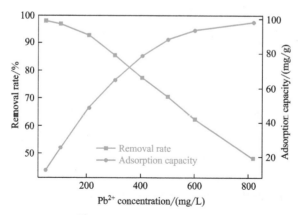

图 3 - 13　Pb²⁺ 初始浓度对氧化生物炭吸附过程的影响

（反应条件：氧化生物炭 4g/L，吸附时间 60min，温度 30℃）

3.3.3 氢氧化钾活化生物炭

考察 Pb²⁺ 初始浓度对氢氧化钾活化生物炭吸附过程的影响，结果如图 3-14 所示。Pb²⁺ 去除率随着初始浓度的增加而逐渐减小，当初始浓度小于 200mg/L 时，影响较小，去除率大于 99%；当初始浓度大于 200mg/L 时，去除率显著下降。而吸附量则随着初始浓度的增加而显著增大，Pb²⁺ 初始浓度小于 400mg/L 时吸附量增加趋势明显，而 Pb²⁺ 初始浓度大于 600mg/L 时吸附量增加趋势趋于平稳。从去除率的角度看，Pb²⁺ 初始浓度低于 200mg/L 时，氢氧化钾活化生物炭对 Pb²⁺ 去除效果较好；从吸附能力的角度看，吸附量在初始浓度高于 400mg/L 时数值较大，初始浓度为 800mg/L 时，吸附量达最大值，为 90.88mg/g。

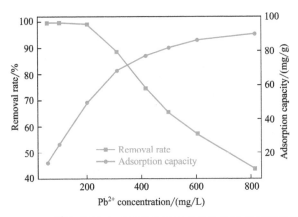

图 3-14　Pb²⁺ 初始浓度对氢氧化钾活化生物炭吸附过程的影响

（反应条件：氢氧化钾活化生物炭 4g/L，吸附时间 30min，温度 30℃）

3.3.4 磁性生物炭

考察 Pb²⁺ 初始浓度对磁性生物炭吸附过程的影响，结果如图 3-15 所示。当 Pb²⁺ 初始浓度增加时，去除率随之降低，吸附量则随之增大。从去除率的角度看，Pb²⁺ 初始浓度低于 100mg/L 时，去除效果较好，去除率大于 97.92%。从吸附能力角度看，吸附量随着初始浓度增加而增大，Pb²⁺ 初始浓度为 800mg/L 时，吸附量最大，达到 50.02mg/g。

3.3.5 纳米复合生物炭

考察 Pb²⁺ 初始浓度对纳米复合生物炭吸附过程的影响，结果如图 3-16

所示。Pb²⁺ 去除率随着初始浓度的增加而逐渐减小,而吸附量随着初始浓度增加而显著增大。从去除率角度看,纳米复合生物炭对低浓度 Pb²⁺ 去除效果较好,去除率达到 97.24%。从吸附能力角度看,吸附量随着初始浓度增加而增大,Pb²⁺ 初始浓度为 800mg/L 时,吸附量最大,达到 129.71mg/g。

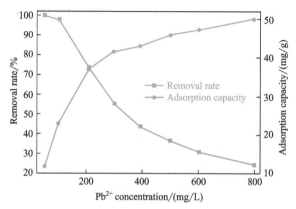

图 3-15 Pb²⁺ 初始浓度对磁性生物炭吸附过程的影响
(反应条件:磁性生物炭 4g/L,吸附时间 60min,温度 30℃)

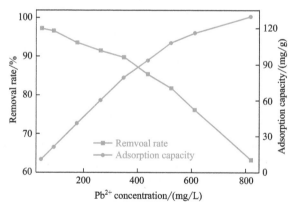

图 3-16 Pb²⁺ 初始浓度对纳米复合生物炭吸附过程的影响
(反应条件:纳米复合生物炭 4g/L,吸附时间 60min,温度 30℃)

以上实验结果表明,随着 Pb²⁺ 初始浓度增加,改性生物炭对 Pb²⁺ 的吸附量均随之增大,而去除率均随之降低。主要原因是随着 Pb²⁺ 初始浓度的升高,溶液中吸附位的相对数量减少,溶液中的大量 Pb²⁺ 不能被吸附,造成去除率逐渐减小。离子浓度可以为吸附过程提供动力,溶液中 Pb²⁺ 浓度较大时,溶液主体与生物炭材料表面存在较大浓度梯度,有利于 Pb²⁺ 从溶液中转移到吸附剂表面，进而增加生物炭材料对重金属离子的吸附能力，促使吸附量增加。故将生物炭材料应用于 Pb^{2+} 废水处理时，要兼顾去除率与最大吸附量两者之间的关系。从去除率的角度看，应增加生物炭材料添加量来增加吸附位，以提高去除效果；从吸附剂利用率的角度看，需要保持生物炭材料具有较大的吸附量，以保证吸附过程既能有效去除废水中 Pb^{2+}，又有较高的吸附能力。

表 3-1 列出了近年来文献报道的部分生物吸附剂对 Pb^{2+} 的吸附性能，对比本书改性得到的生物炭对 Pb^{2+} 的最大吸附量可以看出，本书通过氧化改性、氢氧化钾活化和负载镁铝层状氧化物纳米粒子得到的生物炭材料对 Pb^{2+} 的最大吸附量普遍高于文献中报道的吸附剂，其中氢氧化钾活化生物炭最大吸附量数值不算太高，但其吸附平衡时间均比其他几种生物炭的吸附平衡时间要短，为 30min。而表 3-1 中列出的 Zn/Al 类水滑石磁性生物炭，其吸附平衡时间为 150min，这说明本书中的氢氧化钾活化生物炭与纳米复合生物炭均具有较好的 Pb^{2+} 吸附性能。

表 3-1　近年来文献报道的部分生物吸附剂对 Pb^{2+} 的吸附性能

吸附剂类型	最大吸附量/(mg/g)	文献
柚子皮生物炭	93.09	刘书畅等(2020)
玉米秸秆生物炭	71.80	常帅帅等(2019)
小麦秸秆生物炭	59.49	
楠木木屑生物炭	77.12	常帅帅等(2020)
松木木屑生物炭	62.79	
Fe(Ⅲ)负载改性橘子皮	119.25	刘雪梅等(2020)
CaCl₂-无水乙醇-NaOH 改性橙皮	126.17	张玉敏等(2019)
硫化铵改性西瓜皮	97.63	毕景望等(2020)
纳米 Fe₃O₄ 负载酸改性椰壳炭	42.54	李静等(2020)
花生秆	64.04	杨岚清等(2020)
葵花盘	79.31	
棉花壳	35.63	
棉花秆	55.98	
Zn/Al 类水滑石磁性生物炭	172.50	袁良霄等(2020)
平菇菌糠生物炭	215.30	张海波等(2020)
啤酒糟生物炭	168.20	徐小逊等(2019)
KMnO₄ 改性牛粪水热炭	82.25	赵婷婷等(2016)

吸附剂类型	最大吸附量/(mg/g)	文献
氧化生物炭	98.20	
氢氧化钾活化生物炭	90.88	本书
纳米复合生物炭	129.71	

3.4　温度对吸附过程的影响

物理吸附过程中金属离子与吸附位通过分子间作用结合，两者的部分动能转化为热能；化学吸附过程中金属离子与吸附位之间产生电子转移、重排、共享等作用，也会产生吸附热。因此，一般而言吸附过程是放热的，温度对吸附过程有一定影响。本节将考察温度对改性前后生物炭吸附 Pb²⁺ 的影响。基于节约能耗的目的，主要考察温度控制在 25～45℃。

3.4.1　生物炭

考察温度对生物炭吸附过程的影响，结果如图 3-17 所示。随温度增加，生物炭对 Pb²⁺ 的吸附效率逐渐增加。温度由 25℃增加到 45℃，去除率由 97.63％增加到 98.12％，吸附量由 49.18mg/g 增加到 49.42mg/g，产生的影响较小。升温有利于生物炭对 Pb²⁺ 的吸附，表明生物炭吸附 Pb²⁺ 可能是吸热反应。总体来看，在考察温度范围内，温度对生物炭吸附 Pb²⁺ 的影响较小。

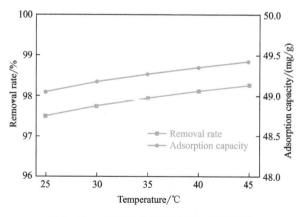

图 3-17　温度对生物炭吸附过程的影响

（反应条件：生物炭 4g/L，Pb²⁺ 浓度 200mg/L，吸附时间 180min）

3.4.2　氧化生物炭

考察温度对氧化生物炭吸附过程的影响，结果如图 3 - 18 所示。随着温度的升高，Pb^{2+} 的去除率和吸附量都逐渐减小。温度从 25℃ 升高到 45℃，去除率从 92.92% 减小到 92.33%，氧化生物炭对 Pb^{2+} 吸附量由 48.26mg/g 减小到 47.82mg/g，可看出去除率与吸附量变化幅度都不大。升高温度不利于吸附 Pb^{2+}，这可能是由于氧化生物炭的吸附过程是放热反应，需要进一步研究氧化生物炭的吸附热以揭示其吸附过程。

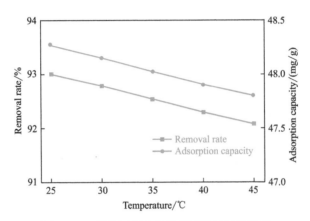

图 3 - 18　温度对氧化生物炭吸附过程的影响

（反应条件：氧化生物炭 4g/L，Pb^{2+} 浓度 200mg/L，吸附时间 60min）

3.4.3　氢氧化钾活化生物炭

考察温度对氢氧化钾活化生物炭吸附过程的影响，结果如图 3 - 19 所示。随着温度升高，Pb^{2+} 去除率和吸附量呈下降趋势。温度从 25℃ 升高到 45℃，去除率从 99.82% 减小到 99.63%，吸附量由 50.21mg/g 减小到 50.12mg/g。升高温度不利于氢氧化钾活化生物炭对 Pb^{2+} 的吸附，但温度对吸附过程的影响比较小。

3.4.4　磁性生物炭

考察温度对磁性生物炭吸附过程的影响，结果如图 3 - 20 所示。Pb^{2+} 去除率和吸附量都随着温度升高而逐渐增大。温度由 25℃ 增加到 45℃，去除率由 73.51% 增大到 75.63%，吸附量由 38.15mg/g 增大到 39.25mg/g。升高温度有利于磁性生物炭对 Pb^{2+} 的吸附，但是对吸附过程的影响并不大。升高温度促进磁性生物炭对 Pb^{2+} 的吸附可能是由于吸附是吸热过程。

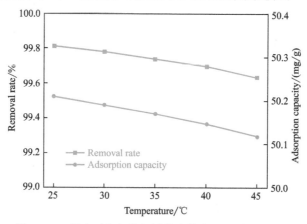

图 3 - 19　温度对氢氧化钾活化生物炭吸附过程的影响

（反应条件：氢氧化钾活化生物炭 4g/L，Pb^{2+} 浓度 200mg/L，吸附时间 30min）

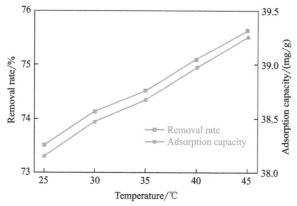

图 3 - 20　温度对磁性生物炭吸附过程的影响

（反应条件：磁性生物炭 4g/L，Pb^{2+} 浓度 200mg/L，吸附时间 60min）

3.4.5　纳米复合生物炭

考察温度对纳米复合生物炭吸附过程的影响，结果如图 3 - 21 所示。随着温度升高，Pb^{2+} 去除率和吸附量都逐渐增加。温度由 25℃ 增加到 45℃，Pb^{2+} 去除率由 91.98% 增加到 93.83%，吸附量由 50.31mg/g 增加到 51.33mg/g，温度对纳米复合生物炭吸附 Pb^{2+} 的影响较小。升高温度有利于纳米复合生物炭吸附 Pb^{2+}，可能是由于纳米复合生物炭吸附 Pb^{2+} 是吸热过程。

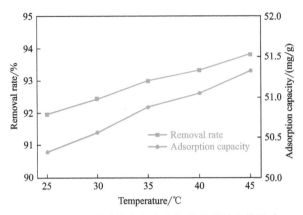

图 3 - 21　温度对纳米复合生物炭吸附过程的影响

（反应条件：纳米复合生物炭 4g/L，Pb²⁺ 浓度 200mg/L，吸附时间 60min）

3.5　循环使用性能考察

　　为了考察生物炭材料的吸附性能，同时避免对环境的二次污染，达到环境保护与经济效益的最优化，需要采取适当的方法把吸附剂所吸附的重金属离子洗脱下来，这对于考察吸附剂的循环使用性能具有重要的意义。本书以 0.1mol/L 盐酸作为解吸剂，通过吸附-解吸实验考察了五种生物炭材料的解吸性能，结果如图 3 - 22 所示。再生生物炭吸附剂吸附性能随着循环次数的增加而有所

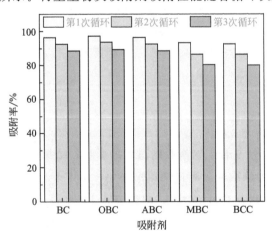

图 3 - 22　五种生物炭材料的解吸性能

降低，经过 3 次吸附-解吸循环后，其吸附率基本保持在初始吸附率的 80% 以上，这说明生物炭材料在一定程度上是具有循环再利用的潜力的。其中，磁性生物炭和纳米复合生物炭吸附性能下降较为显著，可能是由于酸洗涤过程中，负载在生物炭表面的四氧化三铁和镁铝层状氧化物发生了脱落。

3.6　本章小结

本章主要考察了吸附时间、溶液 pH、离子初始浓度和吸附温度对生物炭材料吸附 Pb²⁺ 性能的影响以及不同生物炭材料的循环使用性能。

① 通过考察吸附时间对吸附过程的影响得出：生物炭对 Pb²⁺ 吸附的吸附平衡时间为 180min。氧化改性后，生物炭对 Pb²⁺ 的吸附速率显著增加，吸附平衡时间为 60min。经氢氧化钾活化改性后，吸附平衡时间进一步缩减至 30min。生物炭表面负载磁性颗粒、镁铝层状氧化物纳米粒子均能显著提高生物炭对 Pb²⁺ 的吸附速率，吸附平衡时间从 180min 下降至 60min。以上数据说明，经改性后，生物炭吸附平衡时间显著缩短，吸附速率明显提高，其中氢氧化钾活化生物炭与纳米复合生物炭的吸附性能最为显著。

② 基于溶液化学理论，利用环境水化学平衡软件 Visual MINTEQ 3.1 研究了 Pb²⁺ 在水溶液中的热力学行为，绘制了不同溶液 pH 下离子形态的分布图，计算了 Pb²⁺ 金属沉淀化合物在不同 pH 下的饱和指数，结果表明 Pb²⁺ 在不同 pH 溶液中的存在形态主要包括 Pb²⁺、Pb(OH)₂、$[Pb(OH)_3]^-$、$[Pb_2(OH)]^{3+}$、$[Pb_3(OH)_4]^{2+}$、$[Pb_4(OH)_4]^{4+}$ 和 $[Pb(OH)]^+$，pH 小于 6.0 时以游离 Pb²⁺ 离子的形态存在。故考察溶液 pH 对吸附过程的影响时 pH 应控制在 6.0 以下。

通过考察 pH 对吸附过程的影响得出：随着溶液 pH(1~6) 的升高，生物炭材料对 Pb²⁺ 的吸附性能均增强。生物炭材料在 Pb²⁺ 溶液自然 pH 条件下具有良好的吸附性能，故在进行其他考察因素吸附实验时，均选择在 Pb²⁺ 溶液自然 pH(6.0±0.2) 下进行。

③ 通过考察离子初始浓度对吸附过程的影响得出：在离子初始浓度较低（低于 200mg/L）的条件下，五种生物炭材料对 Pb²⁺ 的吸附都具有较高的去除率，而随着离子初始浓度的升高，去除率逐渐下降，吸附量逐渐增加并最终达到吸附量最大值。根据实验数据可以看出，经氧化改性、氢氧化钾活化改性

和纳米复合改性后，生物炭对 Pb^{2+} 的吸附能力显著增加，特别是纳米复合改性后吸附性能的提升最为显著。与其他文献报道的吸附剂相比，本书中的改性生物炭，特别是纳米复合生物炭均具有较高的最大吸附量。

④ 通过考察温度（25～45℃）对吸附过程的影响得出：生物炭、磁性生物炭和纳米复合生物炭随着温度的升高，去除率与吸附量逐渐上升；氧化生物炭和氢氧化钾活化生物炭随着温度的升高，去除率与吸附量则逐渐下降。但总体变化幅度都不大。

⑤ 采用 0.1mol/L 盐酸作为解吸剂进行解吸循环实验，结果表明，经过 3 次吸附-解吸循环后，生物炭材料吸附率基本都能保持在初始吸附率的 80% 以上，说明本书制备的生物炭吸附剂具备较好的循环使用性能。

结合第 2 章中对生物炭材料的表征分析可以看出，氧化生物炭和氢氧化钾活化生物炭吸附能力的提高，主要归功于功能化改性引入的含氧基团，纳米复合生物炭吸附能力的提高主要归功于镁铝层状氧化物与 Pb^{2+} 的离子交换和表面沉淀作用。从吸附剂的制备成本角度考虑，氢氧化钾活化改性与纳米复合改性方法工艺简单、成本低，得到的改性生物炭吸附量大，且达到平衡所需时间较短，比其他改性方法具有更突出的优势，有利于推动生物炭吸附剂的商业化应用。纳米复合生物炭制备较氢氧化钾活化生物炭复杂，但达到吸附饱和点时，其饱和吸附量明显大于其余三种改性方法。而经磁性改性后，虽然生物炭对 Pb^{2+} 的吸附能力降低，但具有较快的吸附速率，且可通过外加磁场实现固液分离，显著提高了生物炭的实用性。此法研究的难点为实现磁性生物炭的可控制备，减少磁性颗粒团聚和对生物炭孔隙结构的堵塞，进而提高 Pb^{2+} 吸附性能。

第4章

改性前后生物炭吸附Pb²⁺的吸附动力学与热力学机理

重金属离子的吸附过程涉及离子的扩散和转移、吸附剂颗粒在水溶液中的移动及离子与吸附位之间的相互作用，这些作用机制与吸附动力学密切相关，利用吸附动力学进行分析可揭示吸附质在固液界面的停留时间和吸附速率。吸附容量是吸附能力的重要特征之一。温度对吸附材料的吸附容量会产生显著影响，根据热力学原理对吸附机理进行深入探究，可以帮助我们了解吸附剂的吸附容量随温度变化的情况，并可了解吸附过程进行的程度和驱动力。本章通过吸附动力学模型、吸附等温线、吸附热力学进行分析，旨在对改性前后生物炭吸附 Pb^{2+} 的机理进行深入研究，揭示改性前后生物炭吸附重金属离子过程的控制步骤。

4.1 吸附动力学

4.1.1 生物炭的吸附动力学

借助吸附动力学的理论，将数据与相关模型进行线性拟合，具体详见图 4-1，模型参数见表 4-1。从结果可以看出，准一级动力学模型相关系数为 0.9454，准二级动力学模型相关系数为 0.9951。当相关系数大于 0.98 时，说明拟合度较高，所以，准二级动力学模型与数据的线性拟合度较高，说明生物炭对 Pb^{2+} 的吸附形式符合该模型，通过计算得出平衡吸附量约为 55.99mg/g，与实验值 48.89mg/g 相接近。同时也可得出生物炭对 Pb^{2+} 的吸附属于化学吸附过程。

采用内扩散模型、液膜扩散模型和 Elovich 动力学模型研究生物炭吸附 Pb^{2+} 过程的扩散机制，结果见图 4-1 和表 4-1。进行内扩散模型拟合，结果显示初始阶段由内扩散控制，吸附速率较大。随着吸附过程的进行，溶液中的

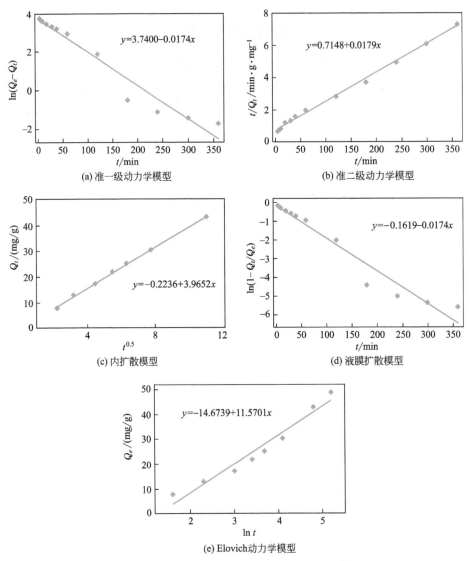

图 4 - 1　生物炭的吸附动力学模型线性拟合

Pb^{2+} 逐渐减少，吸附进入吸附平衡阶段，在这一阶段吸附不完全由内扩散控制。液膜扩散模型拟合的线性相关系数为 0.9454，拟合效果相对较差，表明生物炭对 Pb^{2+} 的吸附不属于液膜扩散模型。Elovich 动力学模型拟合相关系数为 0.9784，吸附相对符合该模型。表 4 - 1 中的 Elovich 模型参数 α_E 代表初始吸附速率，参数 β_E 代表表面覆盖率和化学吸附活化能，生物炭吸附 Pb^{2+} 的初始速率为 3.2559mg/(g·min)。

表 4 - 1　生物炭吸附 Pb²⁺ 的动力学模型参数

动力学模型	动力学参数	数值
准一级动力学	$Q_e/(mg/g)$	42.0980
	k_1/min^{-1}	0.0174
	R^2	0.9454
准二级动力学	$Q_e/(mg/g)$	55.9910
	$k_2/[g/(mg \cdot min)]$	0.0005
	R^2	0.9951
内扩散	$C_{in}/(mg/g)$	0.2236
	$k_{in}/[mg/(g \cdot min^{0.5})]$	3.9652
	R^2	0.9977
液膜扩散	$C_f/(mol/L)$	0.1619
	K_f/min^{-1}	0.0174
	R^2	0.9454
Elovich 动力学	$\alpha_E/[mg/(g \cdot min)]$	3.2559
	$\beta_E/(g/mg)$	0.0864
	R^2	0.9784

4.1.2　氧化生物炭的吸附动力学

采用准一级动力学模型、准二级动力学模型、内扩散模型、液膜扩散模型、Elovich 动力学模型对氧化生物炭吸附 Pb²⁺ 的过程进行研究，线性拟合见图 4 - 2，模型参数见表 4 - 2。从图和表中可以看出，准二级动力学模型对吸附过程拟合效果较好，准一级动力学模型和准二级动力学模型的线性相关系数分别为 0.9630 和 0.9960，表明氧化生物炭吸附 Pb²⁺ 符合准二级动力学模型，吸附的主要作用机制可能是化学吸附。准二级动力学模型计算的平衡吸附量为 54.35mg/g，与实验值 48.16mg/g 相接近。此外，氧化生物炭吸附 Pb²⁺ 的准二级动力学吸附速率为 0.0013g/(mg · min)，是生物炭吸附速率 [0.0005g/(mg · min)] 的 2 倍多，表明氧化改性显著提高了吸附速率。

表 4 - 2　氧化生物炭吸附 Pb²⁺ 的动力学模型参数

动力学模型	动力学参数	数值
准一级动力学	$Q_e/(mg/g)$	35.88
	k_1/min^{-1}	0.0389
	R^2	0.9630

续表

动力学模型	动力学参数	数值
准二级动力学	Q_e/(mg/g)	54.35
	k_2/[g/(mg·min)]	0.0013
	R^2	0.9960
内扩散	C_{in}/(mg/g)	1.1354
	k_{in}/[mg/(g·min^{0.5})]	6.8252
	R^2	0.9964
液膜扩散	C_f/(mol/L)	0.3198
	K_f/min⁻¹	0.0389
	R^2	0.9630
Elovich 动力学	α_E/[mg/(g·min)]	6.3660
	β_E/(g/mg)	0.0698
	R^2	0.9812

采用内扩散模型、液膜扩散模型和 Elovich 动力学模型研究氧化生物炭吸附 Pb²⁺ 过程的扩散机制，结果见图 4-2 和表 4-2。对吸附初始阶段进行内扩

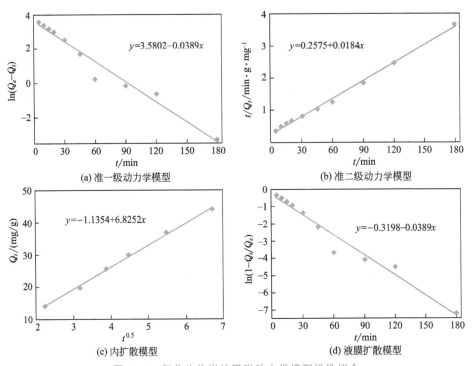

图 4-2　氧化生物炭的吸附动力学模型线性拟合

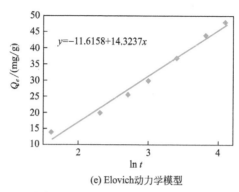

(e) Elovich动力学模型

图 4-2　氧化生物炭的吸附动力学模型线性拟合（续）

散模型拟合，线性相关系数为 0.9964，并且初始阶段的截距接近 0，表明初始阶段由内扩散控制，其吸附速率为 $6.8252\text{mg}/(\text{g}\cdot\text{min}^{0.5})$。吸附初始阶段，溶液中存在大量 Pb^{2+}，氧化生物炭表面存在大量吸附位，随着吸附的进行，Pb^{2+} 逐渐转移到吸附剂表面并趋于平衡吸附，溶液中的 Pb^{2+} 逐渐减少，吸附进入吸附平衡阶段，在这一阶段吸附不完全由内扩散控制。液膜扩散模型拟合的线性相关系数为 0.9630，拟合效果较好，意味着氧化生物炭吸附 Pb^{2+} 也受液膜扩散影响。Elovich 动力学模型拟合相关系数为 0.9812，吸附符合该动力学模型。Elovich 模型参数表明，氧化生物炭吸附 Pb^{2+} 的初始速率为 $6.3660\text{mg}/(\text{g}\cdot\text{min})$，表明氧化改性能够提高吸附速率。

4.1.3　氢氧化钾活化生物炭吸附动力学

采用不同动力学模型对氢氧化钾活化生物炭吸附 Pb^{2+} 的过程进行研究，结果如图 4-3 和表 4-3 所示。准一级动力学模型和准二级动力学模型的线性相关系数分别为 0.8585 和 0.9939，从图中也可以看出准二级动力学模型能够很好地拟合吸附数据。氢氧化钾活化生物炭吸附 Pb^{2+} 符合准二级动力学模型，化学吸附可能是 Pb^{2+} 与氢氧化钾活化生物炭间的主要作用机制。准二级动力学模型计算的平衡吸附量约为 56.02mg/g（实验吸附值为 50.22mg/g），与生物炭的平衡吸附量（55.99mg/g）和氧化改性生物炭的平衡吸附量（54.35mg/g）差异不大。氢氧化钾活化生物炭吸附 Pb^{2+} 的准二级动力学吸附速率为 $0.0035\text{g}/(\text{mg}\cdot\text{min})$，远高于氧化生物炭吸附速率 $[0.0013\text{g}/(\text{mg}\cdot\text{min})]$ 和生物炭吸附速率 $[0.0005\text{g}/(\text{mg}\cdot\text{min})]$，表明氢氧化钾活化显著提高了生物炭对 Pb^{2+} 的吸附速率，这主要归功于氢氧化钾活化改性改善了生物炭的孔隙结构。

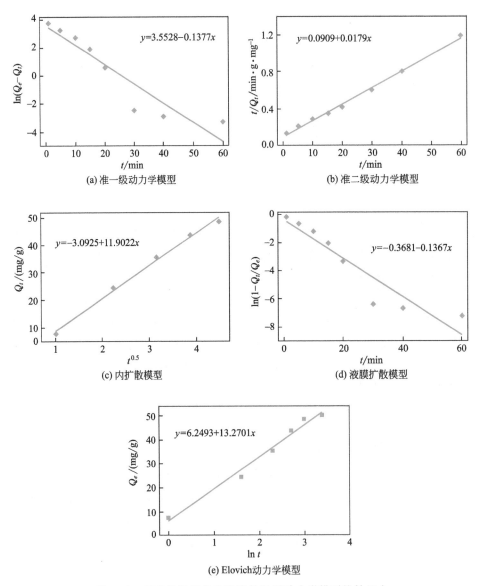

图 4 - 3　氢氧化钾活化生物炭的吸附动力学模型线性拟合

表 4 - 3　氢氧化钾活化生物炭吸附 Pb^{2+} 的动力学模型参数

动力学模型	动力学参数	数值
准一级动力学	$Q_e/(mg/g)$	34.9109
	k_1/min^{-1}	0.1377
	R^2	0.8585

续表

动力学模型	动力学参数	数值
准二级动力学	$Q_e/(\mathrm{mg/g})$	56.0224
	$k_2/[\mathrm{g/(mg \cdot min)}]$	0.0035
	R^2	0.9939
内扩散	$C_{in}/(\mathrm{mg/g})$	3.0925
	$k_{in}/[\mathrm{mg/(g \cdot min^{0.5})}]$	11.9022
	R^2	0.9919
液膜扩散	$C_f/(\mathrm{mol/L})$	0.3681
	K_f/min^{-1}	0.1367
	R^2	0.8617
Elovich 动力学	$\alpha_E/[\mathrm{mg/(g \cdot min)}]$	21.2518
	$\beta_E/(\mathrm{g/mg})$	0.0754
	R^2	0.9783

从图 4-3 和表 4-3 可以看出，内扩散模型对初始阶段吸附数据拟合的线性相关系数为 0.9919，表明该阶段受内扩散控制。初始阶段吸附速率远大于平衡阶段吸附速率。这是由于吸附初始阶段，溶液中存在大量 Pb²⁺，氢氧化钾活化生物炭表面存在大量吸附位，随着吸附的进行，Pb²⁺ 逐渐转移到吸附剂表面并趋于平衡，因而初始阶段的作用机制与平衡阶段的作用机制有一定差异。采用液膜扩散模型对吸附数据进行线性拟合，线性相关系数为 0.8617，拟合度较低，表明液膜扩散对氢氧化钾活化生物炭吸附 Pb²⁺ 的影响较小。Elovich 动力学模型线性相关系数为 0.9783，拟合效果较好，氢氧化钾活化生物炭吸附 Pb²⁺ 的初始速率为 21.2518mg/(g·min)，远大于生物炭和氧化生物炭吸附 Pb²⁺ 的初始速率，表明氢氧化钾活化改性显著提高了吸附速率。

4.1.4　磁性生物炭的吸附动力学

采取准一级和准二级动力学模型，将相关数据进行线性拟合，结果如图 4-4(a)(b) 所示，计算得到的动力学参数如表 4-4 所示。从图和表中可以看出，两种动力学模型均能够较好地对吸附数据进行线性拟合，准一级动力学模型和准二级动力学模型的线性相关系数分别为 0.9909 和 0.9992，均非常接近 1。由于准二级动力学模型计算平衡吸附量数值与实验值相一致，相比而言，磁性生物炭吸附 Pb²⁺ 更符合准二级动力学模型，意味着吸附过程的控制步骤可能为化学吸附。准二级动力学模型计算的吸附速率为

0.0056g/(mg·min)，与氧化生物炭［吸附速率为 0.0013g/(mg·min)］和氢氧化钾活化生物炭［吸附速率为 0.0035g/(mg·min)］相比，磁性生物炭具有更高的吸附速率，这可能是由于生物炭表面负载的纳米磁性粒子对 Pb²⁺ 具有更强的结合能力。

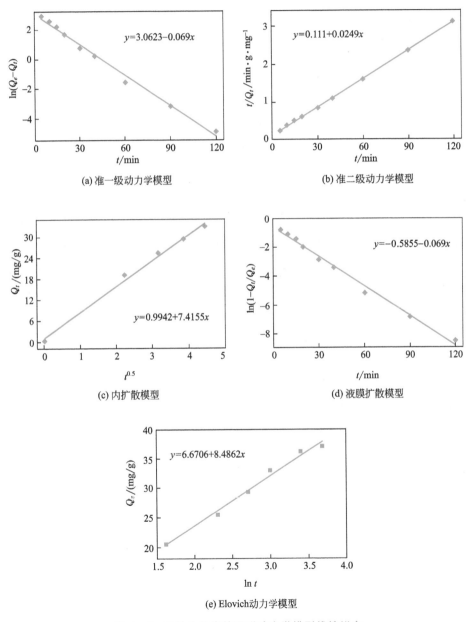

图 4-4　磁性生物炭的吸附动力学模型线性拟合

表 4 - 4　磁性生物炭吸附 Pb^{2+} 的动力学模型参数

动力学模型	动力学参数	数值
准一级动力学	$Q_e/(\text{mg/g})$	21.3765
	k_1/min^{-1}	0.0690
	R^2	0.9909
准二级动力学	$Q_e/(\text{mg/g})$	40.1929
	$k_2/[\text{g/(mg·min)}]$	0.0056
	R^2	0.9992
内扩散	$C_{in}/(\text{mg/g})$	0.9942
	$k_{in}/[\text{mg/(g·min}^{0.5})]$	7.4155
	R^2	0.9887
液膜扩散	$C_f/(\text{mol/L})$	0.5855
	K_f/min^{-1}	0.0690
	R^2	0.9909
Elovich 动力学	$\alpha_E/[\text{mg/(g·min)}]$	18.6248
	$\beta_E/(\text{g/mg})$	0.1178
	R^2	0.9835

采用内扩散模型、液膜扩散模型、Elovich 动力学模型对磁性生物炭吸附 Pb^{2+} 的数据进行拟合，结果见图 4 - 4(c)(d)(e) 和表 4 - 4，得到线性相关系数分别为 0.9887、0.9909、0.9835，表明吸附过程与三种吸附模型均有较好的相符性。磁性生物炭吸附 Pb^{2+} 可能由内扩散和液膜扩散共同控制。磁化改性过程在生物炭表面负载了大量磁性粒子，这些粒子会覆盖生物炭表面或填充到生物炭表面的孔隙结构中，对吸附过程中 Pb^{2+} 的扩散有一定影响。Elovich 动力学模型参数显示磁性生物炭吸附 Pb^{2+} 的初始速率为 18.6248mg/(g·min)，高于生物炭和氧化生物炭，略低于氢氧化钾活化生物炭。

4.1.5　纳米复合生物炭的吸附动力学

采用准二级动力学模型和准一级动力学模型对相关数据进行线性拟合，图 4 - 5(a)(b) 为拟合结果，通过计算可得到表 4 - 5 的动力学参数。从图和表可知，准二级动力学模型能够较好地对吸附数据进行线性拟合，线性相关系数为 0.9999，而准一级动力学模型的线性相关系数仅为 0.9181，线性拟合相对较差。准二级动力学模型计算的平衡吸附量数值与实验值基本一致，因此纳米复合生物炭吸附 Pb^{2+} 的过程符合准二级动力学模型，其吸附 Pb^{2+} 的控制步骤可能是涉及电子转移的化学吸附。准二级动力学模型计算的吸附速率为 0.0119g/(mg·min)，与磁性生物炭［吸附速率为 0.0056g/(mg·min)］、氢氧化钾活化生物炭［吸附速率为 0.0035g/(mg·min)］和氧化生物炭［吸附速率为 0.0013g/(mg·min)］相比，纳米复合生物炭的吸附速率非常高，大概分别是磁性生物炭、氢氧化钾活化生物炭和氧化生物炭的 2 倍、3 倍和 8 倍。

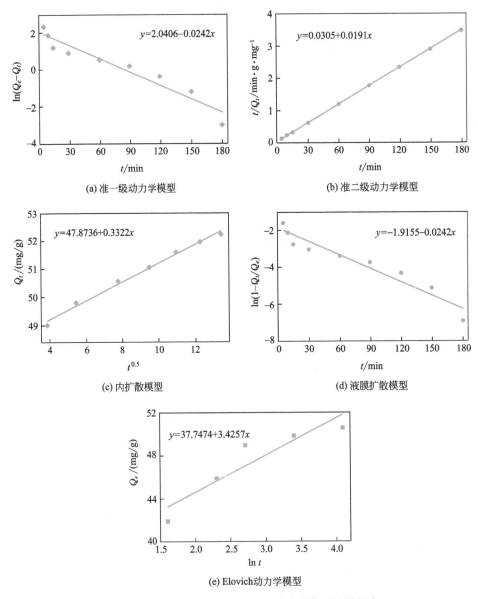

图 4-5　纳米复合生物炭的吸附动力学模型线性拟合

表 4-5　纳米复合生物炭吸附 Pb²⁺ 的动力学模型参数

动力学模型	动力学参数	数值
准一级动力学	$Q_e/(\mathrm{mg/g})$	7.6949
	k_1/min^{-1}	0.0242
	R^2	0.9181
准二级动力学	$Q_e/(\mathrm{mg/g})$	52.4384
	$k_2/[\mathrm{g/(mg \cdot min)}]$	0.0119
	R^2	0.9999
内扩散	$C_{in}/(\mathrm{mg/g})$	47.8736
	$k_{in}/[\mathrm{mg/(g \cdot min^{0.5})}]$	0.3322
	R^2	0.9900
液膜扩散	$C_f/(\mathrm{mol/L})$	1.9155
	K_f/min^{-1}	0.0242
	R^2	0.9181
Elovich 动力学	$\alpha_E/[\mathrm{mg/(g \cdot min)}]$	209021.52
	$\beta_E/(\mathrm{g/mg})$	0.2919
	R^2	0.9239

采用内扩散模型、液膜扩散模型、Elovich 动力学模型对纳米复合生物炭吸附 Pb²⁺ 的扩散过程进行研究，结果见图 4-5 和表 4-5。内扩散模型对吸附数据拟合的线性相关性较好，线性相关系数为 0.9900，表明纳米复合生物炭吸附 Pb²⁺ 的过程可能由内扩散步骤控制。在改性过程中，与磁性生物炭一样，纳米复合生物炭表面负载的镁铝层状氧化物粒子会覆盖生物炭表面或填充到生物炭表面孔隙结构中，对吸附过程中 Pb²⁺ 的扩散有较大影响。液膜扩散模型对吸附数据拟合的线性相关系数为 0.9181，Elovich 动力学模型拟合的线性相关系数为 0.9239，拟合结果均较差，表明液膜扩散模型对纳米复合生物炭吸附 Pb²⁺ 的影响相对较小。意味着纳米复合生物炭吸附 Pb²⁺ 不符合液膜扩散模型和 Elovich 动力学模型。

4.2　吸附等温线

在恒温下，考察吸附量与平衡压力的关系，可以得到吸附等温线，它综合描述了吸附量、吸附强度、吸附状态等指标。吸附等温线主要有

Langmuir、Freundlich、Dubinin - Radushkevich（D - R）、Temkin 等模型。Langmuir 模型一般针对单分子层吸附；Freundlich 模型适用于非均匀表面吸附，并且可以表述异质界面金属离子吸附；D - R 模型用于揭示吸附过程属于物理吸附还是化学吸附；Temkin 模型考虑了吸附剂与吸附质间的交互作用。

4.2.1　生物炭的吸附等温线

利用不同吸附等温线模型，对生物炭吸附 Pb²⁺ 的数据进行线性拟合，结果如图 4 - 6 所示，吸附等温线模型参数见表 4 - 6。Langmuir 模型、Freundlich 模型、D - R 模型、Temkin 模型的线性相关系数分别为 0.9989、0.7564、0.9232、0.8678，由结果可以看出 Langmuir 模型拟合度最高，最能体现出吸附过程。基于 Langmuir 模型的假设条件——单分子层吸附、吸附位均一、等效、动态吸附平衡，可得出生物炭表面吸附位分布比较均匀，并且生物炭吸附 Pb²⁺

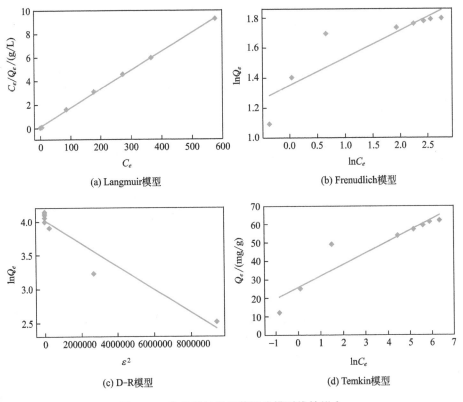

图 4 - 6　生物炭的吸附等温线模型线性拟合

是单分子层吸附。Langmuir 模型参数 R_L 的值为 0.1147，表明生物炭较易吸附溶液中的 Pb²⁺，属于优惠吸附（Favorable Adsorption）。Langmuir 模型计算的最大吸附量约为 62.11mg/g，与实验值 62.25mg/g 基本一致。

表 4-6　生物炭的吸附等温线模型参数

等温线模型	等温线参数	数值
Langmuir	$Q_m/(mg/g)$	62.1132
	$b/(L/mg)$	0.1544
	R_L	0.1147
	R^2	0.9989
Freundlich	$K_F/(mg/g) \cdot (L/mg)^{1/n}$	22.4802
	n	5.5249
	R^2	0.7564
D-R	$Q_m/(mg/g)$	55.2604
	$\beta/(mol^2/J^2)$	1.69×10^{-7}
	R^2	0.9232
Temkin	$b_T/(kJ/mol)$	403.0807
	$A_T/(L/mg)$	68.0875
	R^2	0.8678

4.2.2　氧化生物炭吸附等温线

采用 Langmuir 模型、Freundlich 模型、D-R 模型、Temkin 模型对实验数据进行线性拟合，结果如图 4-7 所示，表 4-7 中列举了吸附等温线模型参数。从图 4-7 中可看出，Langmuir 模型拟合效果最好。从表中可看出，四种模型的线性相关系数分别为 0.9973、0.9431、0.7172、0.9936，表明氧化生物炭吸附 Pb²⁺ 符合 Langmuir 模型和 Temkin 模型，而 Freundlich 模型和 D-R 模型线性拟合结果较差。根据 Langmuir 模型的假设条件，说明氧化生物炭表面吸附位分布均匀，并且单分子层吸附为 Pb²⁺ 的主要吸附途径。Temkin 模型表明氧化生物炭吸附 Pb²⁺ 属于化学吸附。Langmuir 模型参数 R_L 的取值在 0 到 1 之间，表明氧化生物炭对 Pb²⁺ 的吸附属于优惠吸附。Langmuir 模型计算的单分子层最大吸附量为 101.01mg/g（与实验吸附值 98.20mg/g 基本一致），相比于生物炭的最大吸附量（62.11mg/g），氧化生物炭吸附能力得到了显著提高，这主要是归因于氧化改性改善了生物炭孔隙结构、增加了表面含氧基团。

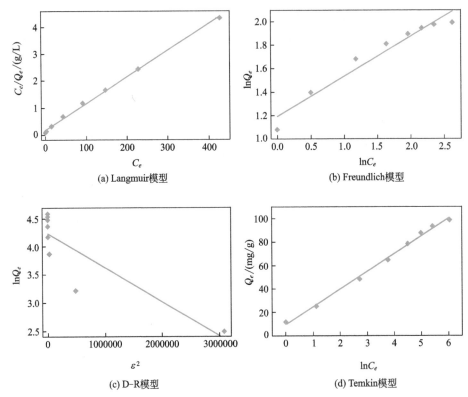

(a) Langmuir模型　　　　　　　　(b) Freundlich模型

(c) D-R模型　　　　　　　　(d) Temkin模型

图 4-7　氧化生物炭的吸附等温线模型线性拟合

表 4-7　氧化生物炭的吸附等温线模型参数

等温线模型	等温线参数	数值
Langmuir	$Q_m/(mg/g)$	101.01
	$b/(L/mg)$	0.0583
	R_L	0.2554
	R^2	0.9973
Freundlich	$K_F/(mg/g) \cdot (L/mg)^{1/n}$	15.5389
	n	2.9317
	R^2	0.9431
D-R	$Q_m/(mg/g)$	69.0893
	$\beta/(mol^2/J^2)$	6.04×10^{-7}
	R^2	0.7172
Temkin	$b_T/(kJ/mol)$	164.7946
	$A_T/(L/mg)$	1.8996
	R^2	0.9936

4.2.3　氢氧化钾活化生物炭的吸附等温线

采用不同等温线模型对实验数据进行线性拟合，结果如图 4-8 所示，吸附等温线模型参数如表 4-8 所示。Langmuir 模型、Freundlich 模型、D-R 模型、Temkin 模型的线性相关系数分别为 0.9976、0.8733、0.9218、0.9757，表明氢氧化钾活化生物炭吸附 Pb²⁺ 符合 Langmuir 模型，Temkin 模型线性拟合结果较好，D-R 模型和 Freundlich 模型线性拟合结果较差。根据 Langmuir 模型理论，这表明氢氧化钾活化生物炭表面吸附位分布均匀，并且对 Pb²⁺ 的吸附是单分子层吸附。在 Langmuir 模型中，$0 < R_L < 1$ 表明氢氧化钾活化生物炭对 Pb²⁺ 的吸附属于优惠吸附。

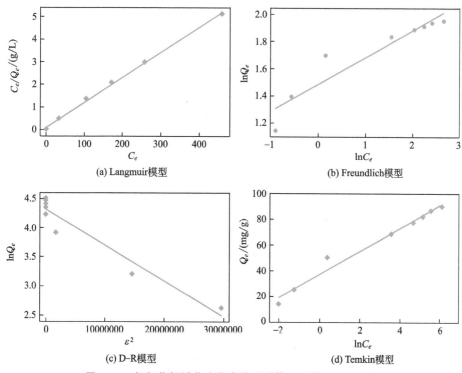

图 4-8　氢氧化钾活化生物炭的吸附等温线模型线性拟合

经 Langmuir 模型计算，氢氧化钾活化生物炭对 Pb²⁺ 的单分子层最大吸附量约为 90.09mg/g（实验吸附值为 90.88mg/g），略低于氧化生物炭的最大吸附量（101.01mg/g），远高于生物炭的最大吸附量（62.11mg/g），表明氢氧化钾活化改性显著提高了生物炭对 Pb²⁺ 的吸附能力，这主要是由于氢氧化钾活化改性改善了生物炭孔隙结构、增加了比表面积和表面官能团。虽然氢氧化钾活化生物炭对 Pb^{2+} 的吸附能力与氧化生物炭相差不大，但是氢氧化钾活化生物炭显著提高了 Pb^{2+} 的吸附速率。从吸附剂制备成本角度考虑，氢氧化钾活化改性工艺简单、成本低，与氧化改性相比具有更大的优势。

表 4 - 8　氢氧化钾活化生物炭的吸附等温线模型参数

等温线模型	等温线参数	数值
Langmuir	$Q_m/(mg/g)$	90.0901
	$b/(L/mg)$	0.1430
	R_L	0.1227
	R^2	0.9976
Freundlich	$K_F/(mg/g) \cdot (L/mg)^{1/n}$	30.4306
	n	5.0454
	R^2	0.8733
D - R	$Q_m/(mg/g)$	74.5694
	$\beta/(mol^2/J^2)$	6.05×10^{-8}
	R^2	0.9218
Temkin	$b_T/(kJ/mol)$	281.1697
	$A_T/(L/mg)$	68.8493
	R^2	0.9757

4.2.4　磁性生物炭吸附等温线

采用 Langmuir 模型、Freundlich 模型、D - R 模型、Temkin 模型对实验数据进行线性拟合，结果如图 4 - 9 所示，图中显示 Langmuir 模型和 Freundlich 模型拟合效果较好。吸附等温线模型参数如表 4 - 9 所示，四种吸附等温线模型的线性相关系数分别为 0.9949、0.9983、0.7167、0.9765，表明 Langmuir 模型和 Freundlich 模型能够较好地描述磁性生物炭对 Pb^{2+} 的吸附过程，而 D - R 模型和 Temkin 模型拟合结果较差。Langmuir 模型计算的最大吸附量与实验最大吸附量也基本一致（49.73mg/g 与 50.02mg/g），说明磁性生物炭吸附 Pb^{2+} 符合 Langmuir 模型，表明磁性生物炭表面吸附位分布均匀，并且对 Pb^{2+} 吸附是单分子层吸附。Langmuir 模型参数 R_L 可揭示吸附过程特点，$0 < R_L < 1$ 表明磁性生物炭对 Pb^{2+} 的吸附属于优惠吸附。

经 Langmuir 模型计算，磁性生物炭对 Pb^{2+} 的单分子层最大吸附量约为 49.73mg/g，低于氢氧化钾活化生物炭的最大吸附量（90.09mg/g）和氧化生

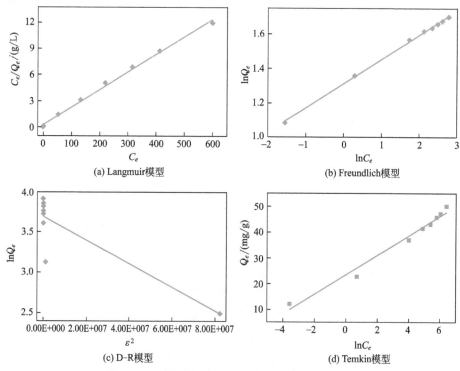

(a) Langmuir模型 (b) Freundlich模型

(c) D-R模型 (d) Temkin模型

图 4-9   磁性生物炭的吸附等温线模型线性拟合

物炭的最大吸附量（101.01mg/g）。与氢氧化钾活化和氧化改性相比，磁化改性并没有提高生物炭对 Pb²⁺ 的吸附能力，这主要是由于在改性过程中磁性颗粒填充到生物炭孔隙结构中，减小了生物炭的比表面积并破坏了生物炭的孔隙分布。但是通过在生物炭表面负载磁性粒子，在外加磁场作用下可以实现固液分离，这显著提高了生物炭的实用性。

表 4-9   磁性生物炭的吸附等温线模型参数

等温线模型	等温线参数	数值
Langmuir	$Q_m/(mg/g)$	49.7265
	$b/(L/mg)$	0.0630
	R_L	0.1454
	R^2	0.9949
Freundlich	$K_F/(mg/g) \cdot (L/mg)^{1/n}$	20.4414
	n	7.0766
	R^2	0.9983

续表

等温线模型	等温线参数	数值
D-R	$Q_m/(\text{mg/g})$	40.0989
	$\beta/(\text{mol}^2/\text{J}^2)$	1.46×10^{-8}
	R^2	0.7167
Temkin	$b_T/(\text{kJ/mol})$	653.0581
	$A_T/(\text{L/mg})$	481.2149
	R^2	0.9765

4.2.5　纳米复合生物炭的吸附等温线

采用 4 种吸附等温线模型对吸附数据进行线性拟合，结果如图 4-10 所示，吸附等温线模型参数如表 4-10 所示。Langmuir 模型、Freundlich 模型、D-R 模型、Temkin 模型的线性相关系数分别为 0.9958、0.9574、0.6683、0.9714，说明纳米复合生物炭对 Pb²⁺ 的吸附符合 Langmuir 模型、Freundlich 模型和 Temkin 模型，D-R 模型拟合结果较差。Langmuir 模型计算的最大吸

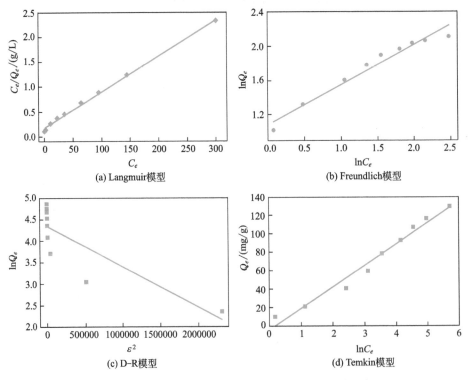

(a) Langmuir模型　　(b) Freundlich模型

(c) D-R模型　　(d) Temkin模型

图 4-10　纳米复合生物炭的吸附等温线模型线性拟合

附量与实验最大吸附量基本一致（138.50mg/g 与 129.71mg/g），这个结果表明纳米复合生物炭吸附 Pb²⁺ 的过程符合 Langmuir 模型，同时说明纳米复合生物炭表面吸附位分布均匀，并且对 Pb²⁺ 的吸附是单分子层吸附。Langmuir 模型参数 R_L 可揭示吸附特点，$0 < R_L < 1$ 表明纳米复合生物炭对 Pb²⁺ 的吸附属于优惠吸附。

表 4 - 10　纳米复合生物炭的吸附等温线模型参数

等温线模型	等温线参数	数值
Langmuir	$Q_m/(\mathrm{mg/g})$	138.5042
	$b/(\mathrm{L/mg})$	0.0404
	R_L	0.3311
	R^2	0.9958
Freundlich	$K_F/(\mathrm{mg/g}) \cdot (\mathrm{L/mg})^{1/n}$	12.2967
	n	2.1584
	R^2	0.9574
D - R	$Q_m/(\mathrm{mg/g})$	77.1862
	$\beta/(\mathrm{mol^2/J^2})$	9.4×10^{-7}
	R^2	0.6683
Temkin	$b_T/(\mathrm{kJ/mol})$	106.8863
	$A_T/(\mathrm{L/mg})$	0.8482
	R^2	0.9714

与氧化生物炭（最大吸附量 101.01mg/g）、氢氧化钾活化生物炭（最大吸附量 90.09mg/g）和磁性生物炭（最大吸附量 49.73mg/g）相比，纳米复合生物炭对 Pb²⁺ 的吸附能力最强，Langmuir 模型计算得到的单分子层最大吸附量为 138.50mg/g（实验吸附量为 129.71mg/g）。此外，比表面积分析结果表明（见 2.3.4 节），与其他改性生物炭相比，纳米复合生物炭具有较小比表面积，也就是说比表面积与纳米复合生物炭吸附量之间的关系并不是线性的，因而其良好的吸附性能主要归因于表面负载的镁铝层状氧化物，而非比表面积。镁铝层状氧化物对 Pb²⁺ 有较强的结合能力，并且可以通过离子交换和表面沉淀等多种作用结合 Pb²⁺。镁铝层状氧化物中的 Mg²⁺ 和 Al³⁺ 自由离子可通过离子交换置换水溶液中的 Pb²⁺，并且被释放的 Mg²⁺ 和 Al³⁺ 离子不会对水体造成二次污染。另外，镁铝层状氧化物中的阴离子（CO_3^{2-} 和 OH^-）也可以与 Pb²⁺ 结合形成表面沉淀。

4.3　吸附热力学

任何封闭体系的变化，都会带来能量的改变。而热量是能量的主要表现形式，放出（吸收）能量（热量）必然带来温度的降低（升高）或状态的改变。换言之，体系的变化一般会引起温度的改变，测量出体系的温度变化就能知道其能量变化。在吸附体系中，吸附剂与吸附质之间相互作用必定会产生热效应，也就是产生吸附热，吸附热直接反映了吸附剂与吸附质之间作用力的大小。因此，通过吸附热力学方法测定吸附热是研究吸附机理的重要手段。

对生物炭材料吸附 Pb^{2+} 进行热力学研究的主要内容是对熵变 ΔS、焓变 ΔH、吉布斯自由能 ΔG 等热力学参数进行计算。ΔS 是整个体系过程中的熵变代数和，对于固-液交换吸附，吸附质被吸附必然引起熵的减少。但同时欲在固相上吸附金属离子，先要将固相上大量的水分子解吸下来，这个过程无疑增加了体系的无序度，这又是一个熵增大的过程。整个体系的熵变是上述两个过程熵变的综合结果。ΔS 为负值，说明整个体系的有序度增加；ΔS 为正值，说明整个体系的无序度增加。ΔG 是吸附驱动力和吸附优惠性的体现，ΔG 为负值，说明吸附过程是自发进行的反应。ΔH 可以判断反应是吸热反应还是放热反应，如果反应物总能量＞生成物总能量，$\Delta H < 0$，为放热反应，反之为吸热反应。

通过前文的一系列研究已得知生物炭的吸附性能较差，故此处仅对重点的改性生物炭作热力学分析。

4.3.1　氧化生物炭的吸附热力学

以 $\ln K_c$ 为纵坐标，$1/T$ 为横坐标作图，采用 Arrhenius 方程对吸附数据进行线性拟合，结果如图 4 - 11 所示，计算的热力学参数如表 4 - 11 所示。从表中可看出，氧化生物炭吸附 Pb^{2+} 的 ΔG 为负值，表明吸附过程是自发反应。ΔS 为正值，表明吸附过程中氧化生物炭表面无序度增加。ΔH 为负值，意味着氧化生物炭吸附 Pb^{2+} 是放热过程，这也进一步解释了氧化生物炭对 Pb^{2+} 吸附速率随着温度的升高而降低的原因。

氧化改性不仅能在生物炭表面引入更多含氧基团，并且对孔隙结构也有一定影响。检测分析表明氧化改性改善了生物炭的孔隙结构，有利于吸附过程中

Pb²⁺ 的扩散和转移，促进 Pb²⁺ 到达生物炭内表面，与内表面吸附位结合。氧化生物炭中存在的含氧基团有利于 Pb²⁺ 的吸附，表面基团的氧元素可以通过电子转移和共享等化学作用促进 Pb²⁺ 的吸附。

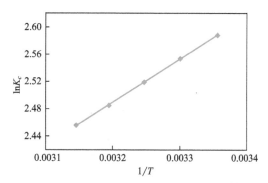

图 4-11　氧化生物炭的 Arrhenius 方程线性拟合

表 4-11　氧化生物炭的吸附热力学参数

热力学参数	T/K	数值
$\Delta G/(\text{kJ/mol})$	298	−6.4115
	303	−6.4339
	308	−6.4493
	313	−6.4645
	318	−6.4934
$\Delta S/(\text{J/mol} \cdot \text{K})$	—	3.8825
$\Delta H/(\text{kJ/mol})$	—	−5.2547
R^2	—	0.9990

4.3.2　氢氧化钾活化生物炭的吸附热力学

采用 Arrhenius 方程对吸附数据进行线性拟合，结果如图 4-12 所示，并计算氢氧化钾活化生物炭吸附 Pb²⁺ 的热力学参数，如表 4-12 所示。ΔG 为负值，说明氢氧化钾活化生物炭吸附 Pb²⁺ 的过程是自发进行的，随着温度升高，ΔG 的绝对值减小，表明升高温度不利于吸附过程。ΔS 是负值，意味着吸附过程中氢氧化钾活化生物炭表面有序度增强。ΔH 数值为负值，意味着吸附是放热过程。这也进一步解释了氢氧化钾活化生物炭吸附 Pb²⁺ 过程中，吸附速率随着温度的升高而降低的原因。

生物炭的氢氧化钾活化改性改善了表面微观结构，增加了孔隙结构和比表面积，并引入更多含氧官能团。改性后生物炭表面发达的孔隙结构有利于 Pb²⁺ 在吸附过程中扩散到内表面，增加了 Pb²⁺ 吸附能力。表面含氧基团的氧元素可以通过电子转移和共享等化学作用促进 Pb²⁺ 的吸附。此外，吸附后 Pb²⁺ 溶液中 K⁺ 浓度增加，表明改性过程生物炭表面引入的 K⁺ 也可以通过离子交换促进 Pb²⁺ 吸附。

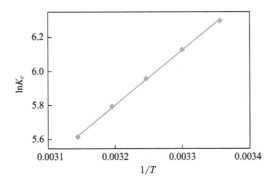

图 4 - 12　氢氧化钾活化生物炭的 Arrhenius 方程线性拟合

表 4 - 12　氢氧化钾活化生物炭的吸附热力学参数

热力学参数	T/K	数值
$\Delta G/(kJ/mol)$	298	-15.6006
	303	-15.4249
	308	-15.2507
	313	-15.0817
	318	-14.8462
$\Delta S/(J/mol \cdot K)$	—	-36.9655
$\Delta H/(kJ/mol)$	—	-26.6262
R^2	—	0.9989

4.3.3　磁性生物炭的吸附热力学

采用 Arrhenius 方程对吸附数据进行线性拟合，结果如图 4 - 13 所示，热力学参数如表 4 - 13 所示。磁性生物炭吸附 Pb²⁺ 的 ΔG 为负值，表明磁性生物炭吸附 Pb²⁺ 是自发过程。ΔS 为正值，表明磁性生物炭吸附 Pb²⁺ 造成表面无序度增加。ΔH 为正值，意味着磁性生物炭吸附 Pb²⁺ 是吸热过程。这也进一步解释了磁性生物炭对 Pb²⁺ 的吸附速率随着温度的升高而升高的原因。

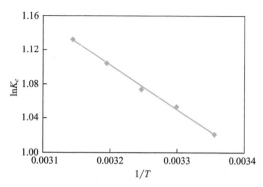

图 4 - 13　磁性生物炭的 Arrhenius 方程线性拟合

表 4 - 13　磁性生物炭的吸附热力学参数

热力学参数	T/K	数值
$\Delta G/(kJ/mol)$	298	-2.52833
	303	-2.65238
	308	-2.74786
	313	-2.87229
	318	-2.99362
$\Delta S/(J/mol \cdot K)$	—	22.9949
$\Delta H/(kJ/mol)$	—	4.3235
R^2	—	0.9941

　　对生物炭进行磁化改性主要是为了制备磁性生物炭，使得吸附剂在外界磁场作用下易于固液分离，提高实用性。虽然四氧化三铁纳米颗粒对 Pb²⁺ 具有良好的吸附性能，但是磁化改性过程中四氧化三铁纳米颗粒会发生团聚，堵塞生物炭孔隙结构，导致磁化改性并没有增加生物炭对 Pb²⁺ 的吸附能力。磁性生物炭可控制备是磁化改性的关键，实现磁性生物炭表面四氧化三铁纳米颗粒的高分散分布将有利于提高磁性生物炭的磁性和吸附性能。

4.3.4　纳米复合生物炭的吸附热力学

　　采用 Arrhenius 方程对吸附数据进行线性拟合，结果如图 4 - 14 所示，热力学参数如表 4 - 14 所示。纳米复合生物炭吸附 Pb²⁺ 的 ΔG 为负值，表明纳米复合生物炭吸附 Pb²⁺ 是自发过程。ΔS 值为正值，表明纳米复合生物炭吸附 Pb²⁺ 造成生物炭表面无序度增加。ΔH 为正值，意味着纳米复合生物炭吸附 Pb²⁺ 是吸热过程，这进一步解释了纳米复合生物炭对 Pb²⁺ 的吸附速率随着温度的升高而升高的原因。

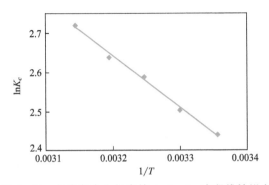

图 4 - 14　纳米复合生物炭的 Arrhenius 方程线性拟合

表 4 - 14　纳米复合生物炭的吸附热力学参数

热力学参数	T/K	数值
$\Delta G/(\text{kJ/mol})$	298	-6.04402
	303	-6.30571
	308	-6.62664
	313	-6.86502
	318	-7.19599
$\Delta S/(\text{J/mol} \cdot \text{K})$	—	57.2293
$\Delta H/(\text{kJ/mol})$	—	11.0191
R^2	—	0.9928

4.4　本章小结

本章主要采用吸附动力学、吸附等温线、吸附热力学对功能化改性生物炭吸附 Pb²⁺ 的机理进行了研究，主要结论归纳如下。

① 通过吸附动力学研究，发现五种生物炭材料对 Pb²⁺ 的吸附过程均符合准二级动力学模型，对 Pb²⁺ 的吸附属化学吸附过程。计算得到生物炭平衡吸附量约为 55.99mg/g、氧化生物炭平衡吸附量约为 54.35mg/g、氢氧化钾活化生物炭平衡吸附量约为 56.02mg/g、磁性生物炭平衡吸附量约为 40.19mg/g、纳米复合生物炭平衡吸附量约为 52.44mg/g；准二级动力学模型计算得出的吸附速率分别为生物炭 0.0005g/(mg · min)、氧化生物炭 0.0013g/(mg ·

min)、氢氧化钾活化生物炭 0.0035g/(mg·min)、磁性生物炭 0.0056g/(mg·min)、纳米复合生物炭 0.0119g/(mg·min)。由以上数据可看出，虽然改性后几种生物炭的平衡吸附量差异不显著，但吸附速率却产生了显著差异，改性后的生物炭对 Pb²⁺ 的吸附速率均得到了很大程度的提高，其中以纳米复合生物炭速率提高最为显著。

② 进一步对吸附数据进行内扩散模型、液膜扩散模型、Elovich 动力学模型拟合来探究生物炭材料对 Pb²⁺ 的吸附机理，研究发现，五种生物炭材料在吸附过程中，初始阶段均以内扩散为主，吸附平衡阶段以内扩散为主，液膜扩散作用较小；氧化生物炭在吸附过程中，初始阶段主要受内扩散控制，吸附平衡阶段同时受内扩散和液膜扩散共同作用；氢氧化钾活化生物炭在吸附过程中，主要以内扩散控制为主；磁性生物炭在吸附过程中，受内扩散与液膜扩散共同控制；而纳米复合生物炭在吸附过程中则主要受内扩散控制。Elovich 动力学模型拟合数据表明，除纳米复合生物炭外，其余四种生物炭均具有较高的相关系数，且从该模型参数的初始吸附速率 α_E 来看，生物炭为 3.2559mg/(g·min)、氧化生物炭为 6.3660mg/(g·min)、氢氧化钾活化生物炭为 21.2518mg/(g·min)、磁性生物炭为 18.6248mg/(g·min)，可以看出改性生物炭均比生物炭具有更高的吸附速率，说明改性可以提高生物炭的吸附速率。其中氢氧化钾活化生物炭与磁性生物炭吸附速率相差不大，且吸附性能提升较为显著。

③ 通过吸附等温线 Langmuir 模型、Freundlich 模型、D-R 模型、Temkin 模型对实验数据进行线性拟合分析，发现生物炭材料对 Pb²⁺ 的吸附均与 Langmuir 模型拟合度最高，根据 Langmuir 模型的假设条件，可得出生物炭材料对 Pb²⁺ 的吸附行为均为单分子层化学吸附，五种生物炭材料的 Langmuir 模型 R_L 参数均介于 0 和 1 之间，说明五种生物炭材料对 Pb²⁺ 的吸附均属于优惠吸附。根据 Langmuir 模型计算得出的最大吸附量分别为生物炭 62.11mg/g、氧化生物炭 101.01mg/g、氢氧化钾活化生物炭 90.09mg/g、磁性生物炭 49.73mg/g、纳米复合生物炭 138.50mg/g。从上述数值可以看出，改性大大提高了生物炭的最大吸附量。其中以氢氧化钾活化生物炭与纳米复合生物炭最大吸附量的提高最为显著。

④ 通过热力学分析，发现氧化生物炭吸附 Pb²⁺ 是自发、熵增、放热的过程；氢氧化钾活化生物炭吸附 Pb²⁺ 是自发、熵减、放热的过程；磁性生物炭与纳米复合生物炭吸附 Pb²⁺ 是自发、熵增、吸热的过程。热力学分析结果与第 3 章中生物炭材料在吸附 Pb²⁺ 过程中，吸附性能随温度变化的趋势一致。

至于不同改性方法的吸附热机制不同，可能是因为不同改性引入的活性官能团不同，在与 Pb^{2+} 发生吸附的过程中，发生的化学反应性质不同。

通过以上吸附动力学、吸附等温线和吸附热力学的分析可以看出，四种改性方法中，氢氧化钾活化改性和纳米复合改性两种方法得到的改性生物炭，无论是在吸附速率还是吸附量方面，都表现出了卓越的吸附性能。相比而言，氢氧化钾活化改性方法工艺简单、易操作、成本低，更具有广阔的开发和运用前景。

第5章

生物炭官能团改性吸附Pb²⁺的密度泛函理论研究

采用实验研究的方法，可测定生物炭材料对重金属离子的吸附量，继而考察和评定生物炭材料对重金属离子的吸附能力。然而，就生物炭材料对重金属离子作用的研究而言，实验研究的方法主要是根据实验数据和观测，借助吸附动力学、吸附热力学、吸附等温线模型拟合来对作用机理进行推测，难以在微观层面上探查作用机理。另外结合前期研究工作，比较生物炭材料氮气吸附-脱附比表面积表征结果与吸附性能发现，生物炭材料的比表面积与准二级动力学模型中的 Q_e 值之间的关系并不是线性的，这说明生物炭材料对重金属离子的吸附作用不仅仅是比表面积的贡献，也包括官能团吸附的贡献。

本研究采用 MS 软件来完成，主要使用 MS Visualizer 和 DMol³ 两个模块，前者用于模型构建、计算可视化等操作，后者用于 DFT 计算与对计算结果进行分析。

5.1　生物炭吸附 Pb²⁺ 的 DFT 研究

5.1.1　生物炭表面的 DFT 计算分析

(1) 模型构建

生物炭具有较大的比表面积，其表面上的碳原子可与 Pb²⁺ 发生相互作用。生物炭中碳含量占据主导，对于生物炭表面模型，可用纯碳原子面网表示。图 5 - 1 展示了生物炭表面模型的构建过程：首先，根据 Trucano 和 Chen (1975) 报道的数据（空间群 P63/MMC，$a=b=2.46\text{Å}$，$c=6.80\text{Å}$，$\alpha=\beta=90°$；$\gamma=120°$），构建出石墨晶体 [图 5 - 1(a)]；其次，进行晶面切割，构建 1 个晶胞单位大小的碳原子面网 [图 5 - 1(b)]；再次，对上述碳原子面网进行扩展，扩展倍数为 4×2，构建出表示生物炭表面的模型 ［图 5-1(c)］；最后，在生物炭表面的上方添加厚度为 10Å 的真空层 ［图 5-1(d)］，以避免在后续计算中模型中的原子与自己的周期性镜像发生作用而导致错误的计算结果，这样就完成了整个生物炭表面模型的构建。

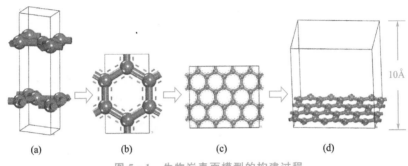

(a)　　　　　(b)　　　　　(c)　　　　　(d)

图 5-1　生物炭表面模型的构建过程

(2) 计算参数设置

在开展后续的各类性质分析前，需对前述构建的生物炭表面模型进行几何优化。几何优化使用 MS 软件的 DMol³ 模块来进行，采用的相关计算参数如表 5-1 所示（表中能量单位为 Ha，1Ha=27.211396eV）。需说明的是，目前 DFT 理论中常用的能量交换相关泛函（XC Functional），均无法考虑非键力作用，而本章以原子间的相互作用为研究内容，非键力的作用自然不容忽略，因此本章计算都将引入 DFT-D 修正。最常用的 DFT-D 修正有 Grimme、OBS、TS 三种方法，其中 Grimme 和 OBS 目前尚不支持本书要研究的铅原子，因此，本研究采用 TS 方法来实现 DFT-D 修正。本书采用的相关计算参数具体如表 5-1 所示。

表 5-1　本书采用的相关计算参数

参数	具体设定或参数值
能量交换相关泛函（XC Functional）	GGA-PBE
是否考虑色散修正（DFT-D Correction）	是（采用 TS 修正）
是否考虑自旋极化（Spin Unrestricted）	是
k 点数（k-Point Set）	3×3×3
核内电子处理方式（Core Treatment）	DFT Semi-core Pseudopots（DSPP）
基组设置（Basis Set）	DNP

续表

参数	具体设定或参数值
SCF 收敛精度（单位：Ha）	1.0×10^{-6}
能量收敛精度（单位：Ha）	1×10^{-5}
最大力收敛精度（单位：Ha/Å）	0.002
最大位移收敛精度（单位：Å）	5×10^{-3}

（3）生物炭表面分析

本书研究的目标吸附对象 Pb^{2+} 带着正电荷，具有正电性，有被吸附在负电性的原子附近或者区域的趋势。对生物炭表面作静电势（Molecular Electrostatic Potential，MEP）和马利肯电荷布居分析（Mulliken Population Analysis），可为 Pb^{2+} 在生物炭表面上吸附位点的判断和确定提供方向。

MEP 图以不同颜色表示不同区域的电荷正负性和数值大小，可直观地反映出生物炭表面上的电荷分布特征。首先对生物炭表面模型进行几何优化，其次对优化后的构型进行 MEP 分析，得到如图 5-2 所示的结果。可以看到，生物炭表面上的电荷分布较为均匀，并未表现出明显的区域分布差异，且数值较小，为 10^{-2} 数量级。由此可预判，Pb^{2+} 在生物炭表面上吸附的区域选择性不强。

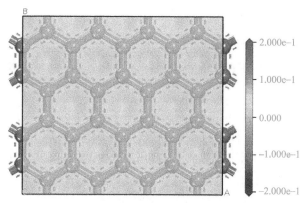

图 5-2　生物炭表面 MEP 图（另见彩插）

MEP 图能直观地描述不同区域的电荷特性，适用于定性分析。为了定量化描述特定原子上的电荷，需进行马利肯电荷布居分析。对生物炭表面上的碳原子作马利肯电荷布居分析，结果如图 5-3 所示。比较生物炭表面上碳原子

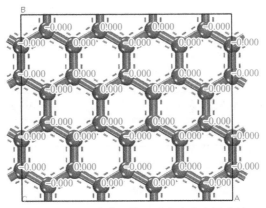

图 5-3　生物炭表面的马利肯电荷布居分析

的电荷可知，这些碳原子几乎都不带电荷，因此可预判 Pb²⁺ 在生物炭表面上不同位置的碳原子上的吸附同样不具有显著的选择性，这一分析结果也与前述的 MEP 分析结果相互印证。

　　对生物炭表面作马利肯电荷布居分析的另一重要意义在于，为后续吸附计算的结果分析（尤其是电荷）提供比较的基准，便于判断吸附前后电荷的变化。

5.1.2　生物炭吸附 Pb²⁺ 的计算与结果分析

(1) 模型构建

　　根据前文的计算结果与分析可知，对于 Pb²⁺ 而言，生物炭表面上不存在明显的活性吸附位点，因此应当根据生物炭表面上原子排布的几何关系来确定可能的吸附位点。

　　这些吸附位点有 3 种：①顶位（Top），即 Pb²⁺ 吸附在碳原子的正上方，如图 5-4 中黑色圆圈所标示位置；②桥位（Bridge），即 Pb²⁺ 吸附在两个碳原子之间的中点上方，如图 5-4 中深灰色圆圈所标示位置；③孔位（Hollow），即 Pb²⁺ 吸附在 6 个碳原子围成的六边形的几何中心位置，该六边形的几何中心可使用 MS Visualizer 模块的 Create Centroid 工具获得，如图 5-4 中浅灰色圆圈所标示的位置。

　　将 Pb²⁺ 放在吸附位点正上方 3Å 处的位置，一共得到 3 种吸附模型。以顶位吸附模型为例，图 5-5 绘出了该模型的侧视图和俯视图，桥位模型和孔位模型与之类似，仅吸附位置不同。

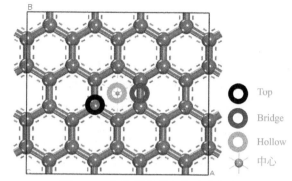

图 5 - 4　生物炭表面上的吸附位点

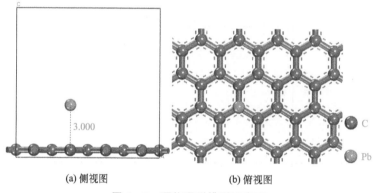

(a) 侧视图　　　　　　　　　　(b) 俯视图

图 5 - 5　顶位吸附模型示意图

（2）计算结果分析

上述 3 种模型构建完成后，先进行几何优化，几何优化时涉及的相关计算参数设置与生物炭计算参数（见表 5 - 1）相同。

图 5 - 6 显示出了顶位吸附模型能量与迭代步数的关系，由图可以看到，顶位吸附模型的能量随着几何优化迭代步数的增大而迅速减小，仅用 10 步就达到收敛。对于桥位和孔位吸附模型，也观察到了类似的情况。几何优化过程的迅速收敛，一方面反映出计算参数设置的正确性，另一方面也可以反映出模型构建的合理性。

图 5 - 7 反映的是顶位吸附时几何优化后的构型。几何优化后，Pb²⁺ 距顶位碳原子的距离由初始的 3Å 减小为 2.653Å，距离的减小表明顶位碳原子对 Pb²⁺ 具有吸附作用。对于桥位和孔位吸附模型，同样也观察到了吸附距离的减小。

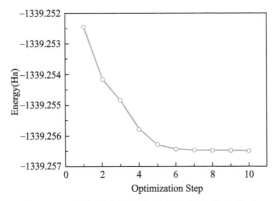

图 5 - 6　顶位吸附模型能量与迭代步数的关系

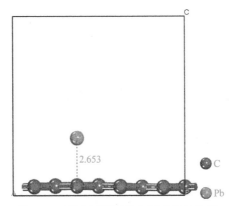

图 5 - 7　顶位吸附时几何优化后的构型

生物炭表面上各吸附位点对 Pb^{2+} 的吸附作用，可用吸附能 E_{int} 来量化表征，计算公式如下：

$$E_{int} = E_{total} - E_{surface} - E_{Pb} \qquad (5-1)$$

式中　E_{int}——吸附能（Ha）；

　　　E_{total}——最终吸附构型的总能量（Ha）；

　　　$E_{surface}$——最终吸附构型中生物炭表面单独的能量（Ha）；

　　　E_{Pb}——最终吸附构型中 Pb^{2+} 单独的能量（Ha）。

若生物炭表面对 Pb^{2+} 具有吸附作用，那么 E_{int} 为负值，而且绝对值越大，表明吸附作用越强烈。生物炭表面上 3 个吸附位点对应的吸附距离（Pb^{2+} 距吸附位点的距离）、吸附能的计算结果汇总如表 5 - 2 所示。

表 5－2　生物炭表面上吸附能的计算结果

能量	吸附位点		
	Top	**Bridge**	**Hollow**
E_{total}/Ha	−1339.256507	−1339.256510	−1339.260092
$E_{surface}/Ha$	−1218.748392	−1218.748292	−1218.747728
E_{Pb}/Ha	−120.377983	−120.37798	−120.377983
E_{int}/Ha	−0.130132	−0.130238	−0.134381
E_{int}/eV	−3.541	−3.544	−3.657
吸附距离/Å	2.653	2.631	2.499

　　比较而言，Pb²⁺ 在这 3 种吸附位点上吸附能绝对值的大小顺序关系为：$E_{(Top)} < E_{(Bridge)} < E_{(Hollow)}$，不过相差并不大，吸附最为强烈的 Hollow 位点，其对应的吸附能也仅比其余两个位点大 3% 左右；此外，3 种吸附位点上的吸附距离大小顺序关系为：$S_{(Top)} > S_{(Bridge)} > S_{(Hollow)}$，说明吸附作用越强烈，吸附得越紧密，吸附距离越小。

　　综合分析生物炭表面上吸附能计算结果可知，Pb²⁺ 在生物炭表面上的吸附，不具有显著的选择性倾向，这一分析结果也与前述中对生物炭表面的 MEP 分析和马利肯电荷布居分析结果一致。图 5－8 为顶位吸附后的马利肯电荷布居分析和电子差分密度图。

　　图 5－8(a) 展示了 Pb²⁺ 在顶位吸附后的马利肯电荷布居，由图我们可以发现，顶位吸附后，Pb²⁺ 与生物炭表面之间存在电荷转移，净电荷转移量为 0.891e，从而导致生物炭表面上大部分碳原子带上 0.026～0.042e 的正电荷，而位于 Pb²⁺ 正下方的碳原子，以及该碳原子邻位的 3 个碳原子，依次带 0.092、0.020、0.040、0.043 的负电荷（图中以蓝色数字标示）。电荷的变化

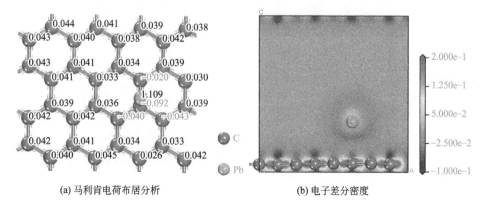

(a) 马利肯电荷布居分析　　　　　　　(b) 电子差分密度

图 5－8　顶位吸附后的马利肯电荷布居分析和电子差分密度图（另见彩插）

表明电子在原子间的转移，为了获得顶位上更详细的电子转移信息，可分析其电子差分密度，如图 5-8(b) 所示。电子差分密度表示某个原子在当前环境中的电子密度与其单独存在于真空中的电子密度的差值。在电子差分密度图中，通常以暖色区域表示电子密度的增大，冷色区域表示电子密度的减小。由图 5-8(b) 可见，Pb^{2+} 周围的暖色和冷色区域叠加，这些区域与其下方碳原子相连通，这表明 Pb^{2+} 与下方的碳原子之间存在电子的得失与转移，形成吸附作用，从而使得这些碳原子的电荷发生变化，这就解释了上述的马利肯电荷布居分析结果。

桥位和孔位的马利肯电荷布居分析和电子差分密度图，如图 5-9 所示。观察图可以发现，与顶位吸附不同，桥位吸附后，仅 Pb^{2+} 下方桥位两端的 2 个碳原子带上负电荷 [图 5-9(a) 蓝色数字标示]，其余碳原子带正电荷；而孔位吸附后，Pb^{2+} 下方六边形端点上 6 个碳原子都带上负电荷 [图 5-9(c) 蓝色数字标示]，其余碳原子带正电荷；由此可见，Pb^{2+} 吸附位点的不

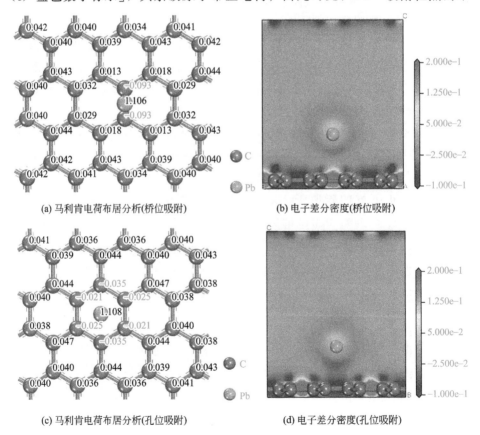

(a) 马利肯电荷布居分析(桥位吸附)　　　　(b) 电子差分密度(桥位吸附)

(c) 马利肯电荷布居分析(孔位吸附)　　　　(d) 电子差分密度(孔位吸附)

图 5-9　桥位和孔位吸附后的马利肯电荷布居分析和电子差分密度图（另见彩插）

同，将导致生物炭表面碳原子电荷分布的差异，而这些电荷分布的差异，应归因于 Pb^{2+} 与下方的碳原子之间电子的得失与转移〔见图 5-9(b) 和图 5-9(d)〕，而电子的得失与转移，正是 Pb^{2+} 与生物炭上原子间产生吸附作用力的机理。

5.2　官能团改性生物炭吸附 Pb²⁺ 的 DFT 研究

5.2.1　官能团改性生物炭表面的 DFT 计算分析

对生物炭进行官能团改性，能提高其对重金属离子的吸附能力。在生物炭表面通过化学反应引入各种活性官能团，会改变生物炭表面的电荷性质。而 Pb^{2+} 在生物炭表面上的吸附过程，必然对表面的电荷性质较为敏感。因此，分析官能团改性后生物炭表面的电荷性质，可为理解引入不同官能团对生物炭吸附能力的影响、判断 Pb^{2+} 吸附的活性位点、探讨改性生物炭对重金属离子的吸附机理提供理论指导。

(1) 模型构建与计算参数设置

在经过几何优化的生物炭表面模型上，分别接入活性官能基团，包括羟基、羧基、环氧基、羰基、醚键、碳碳双键共 6 种官能团，然后进行接入后的几何优化，最后对计算结果进行分析。几何优化时涉及的相关计算参数设置与前述表 5-1 相同。

以羟基改性生物炭表面模型为例，几何优化前后的构型如图 5-10 所示。相比于接入羟基的初始状态，几何优化后的构型中，羟基连接的碳原子有明显的隆起，这说明羟基的引入改变了生物炭表面的几何形貌。其余 5 种官能团的引入，也会引起生物炭表面几何形貌的改变，这些变化会在本章后续讨论中一一介绍。

(2) 官能团改性生物表面分析

① 羟基改性生物炭表面分析

羟基改性生物炭表面的 MEP 和马利肯电荷布居分析结果如图 5-11 所示。从图中我们可以看到，与生物炭表面电荷均匀分布的情形不同，羟基的引入造成了局部电荷分布的差异，羟基中两个原子周围是整个模型中电荷分布的两极：羟基中的氢原子附近呈现出明显的正电性，是整个模型正电性最大的区域；而氧原子附近则呈现出强烈的负电性，是整个模型负电性最大的区域

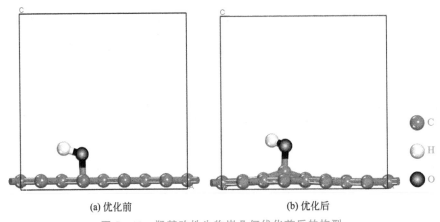

(a) 优化前　　　　　　　　　　　(b) 优化后

图 5 - 10　羟基改性生物炭几何优化前后的构型

[图 5 - 11(a) 和图 5 - 11(b)]。这一现象可以从图 5 - 11(c) 所示的马利肯电荷布居分析中更容易地看到：羟基中的氢原子电荷为 $+0.261e$，数值远高于其他正电性的原子；而氧原子电荷为 $-0.419e$，数值远高于其他负电性的原子。

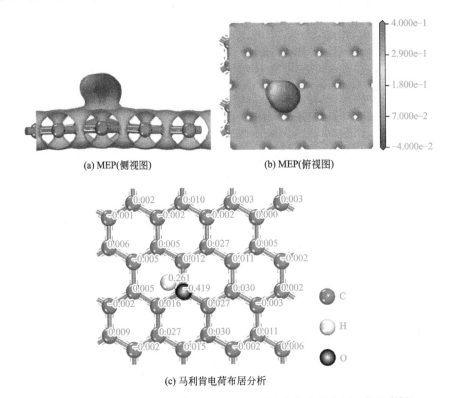

(a) MEP(侧视图)　　　　　　　　(b) MEP(俯视图)

(c) 马利肯电荷布居分析

图 5 - 11　羟基改性生物炭表面 MEP 和马利肯电荷布居分析（另见彩插）

由于 Pb²⁺ 是带正电的粒子，具有吸附于负电性原子或者区域的倾向，因此根据上述 MEP 和马利肯电荷布居分析结果可确定：羟基改性生物炭表面上 Pb²⁺ 吸附的活性位点位于羟基中氧原子的周围区域。

② 羧基改性生物炭表面分析

与羟基改性生物炭表面类似，羧基改性生物炭表面也存在明显的电荷分布差异，结果如图 5-12 所示，羧基中的氢原子附近也呈现出明显的正电性；不过，与羟基改性只出现一个强负电性区域的情形不同，羧基中存在两个强负电性区域：一个位于羧基中的羰基的氧原子附近；另一个位于羧基中的羟基的氧原子周围 [图 5-12(a) 和图 5-12(b)]。而且，根据图 5-12(c) 中的马利肯电荷布居分析结果，前一个氧原子电荷为 -0.364e，与后一个氧原子的 -0.378e 相差不大，因此，Pb²⁺ 究竟更倾向于吸附在哪个氧原子附近，目前尚不能判断，需通过进一步计算吸附能进行比较分析。

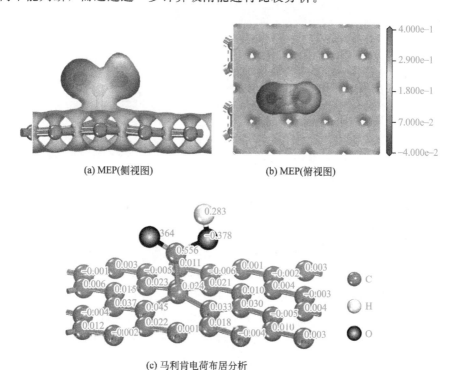

(a) MEP(侧视图)　　　　　　　　(b) MEP(俯视图)

(c) 马利肯电荷布居分析

图 5-12　羧基改性生物炭表面 MEP 和马利肯电荷布居分析（另见彩插）

③ 环氧基改性生物炭表面分析

环氧基改性生物炭表面 MEP 和马利肯电荷布居分析结果如图 5-13 所示，较为简单清晰：氧原子附近是整个模型负电性最大的区域 [图 5-13(a) 和

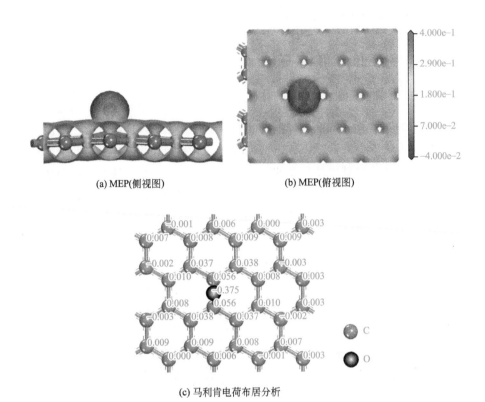

(a) MEP(侧视图) (b) MEP(俯视图)

(c) 马利肯电荷布居分析

图 5 - 13　环氧基改性生物炭表面 MEP 和马利肯电荷布居分析（另见彩插）

图 5 - 13(b)]，环氧基的氧原子电荷为 $-0.375e$，也是整个模型中负电性最大的原子。因此可确定：环氧基改性生物炭表面上 Pb^{2+} 吸附的活性位点位于环氧基中氧原子附近。

④ 羰基改性生物炭表面分析

图 5 - 14 展示了羰基改性生物炭表面 MEP 和马利肯电荷布居分析结果。从图中我们可以看到，羰基中氧原子的电荷为 $-0.275e$，是整个模型中负电性最大的原子 [图 5 - 14(c)]，该氧原子附近也是整个模型负电性最大的区域 [图 5 - 14(a) 和图 5 - 14(b)]，因此可确定：羰基改性生物炭表面上 Pb^{2+} 吸附的活性位点位于羰基的氧原子附近。

⑤ 醚键改性生物炭表面分析

醚键改性生物炭表面 MEP 和马利肯电荷布居分析结果如图 5 - 15 所示。醚键中氧原子附近是整个模型负电性最大的区域 [图 5 - 15(a) 和图 5 - 15(b)]，醚键中氧原子电荷为 $-0.435e$，是整个模型中负电性最大的原子，因此可确

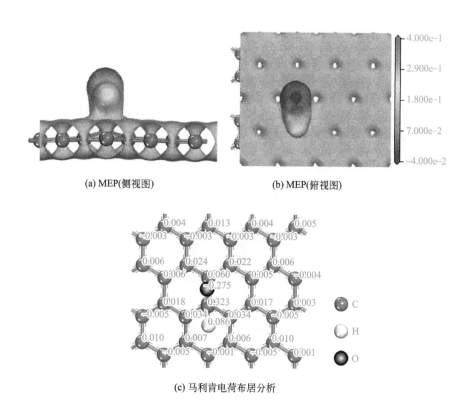

(a) MEP(侧视图)　　　　　(b) MEP(俯视图)

(c) 马利肯电荷布居分析

图 5 - 14　羰基改性生物炭表面 MEP 和马利肯电荷布居分析（另见彩插）

定：醚键中氧原子附近区域是 Pb²⁺ 吸附的活性位点。

⑥ 碳碳双键改性生物炭表面分析

图 5 - 16 展示了碳碳双键改性生物炭表面 MEP 和马利肯电荷布居分析结果。从图中我们可以看到，整个模型负电性最大的区域位于碳碳双键附近区域 [图 5 - 16(a) 和图 5 - 16(b)]，碳碳双键中与两个氢原子相连的碳原子的负电性最明显，其电荷为 -0.176e [图 5 - 16(c)]，因此该碳原子附近，很可能是 Pb²⁺ 吸附的活性位点。

总体而言，在生物炭表面接入羟基、羧基、环氧基、羰基、醚键、碳碳双键 6 种官能团后，都会造成局部电荷分布的差异化，使得生物炭表面上出现具有明显负电性的区域，这些区域的存在将使得 Pb²⁺ 的吸附表现出选择性，它们将成为 Pb²⁺ 吸附的活性位点。

接下来，将计算引入不同活性基团后生物炭表面对 Pb²⁺ 的吸附能，并定量比较不同活性基团对生物炭吸附 Pb²⁺ 的产生的影响，旨在进一步阐述生物炭对 Pb²⁺ 的吸附机理。

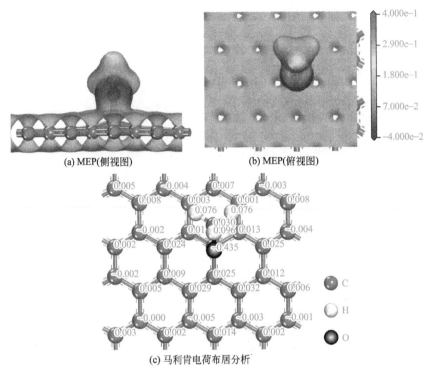

(a) MEP(侧视图)　　　　　　　　　(b) MEP(俯视图)

(c) 马利肯电荷布居分析

图 5-15　醚键改性生物炭表面 MEP 和马利肯电荷布居分析（另见彩插）

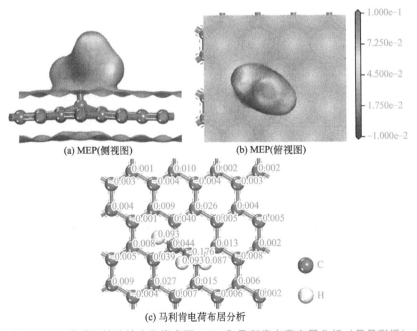

(a) MEP(侧视图)　　　　　　　　　(b) MEP(俯视图)

(c) 马利肯电荷布居分析

图 5-16　碳碳双键改性生物炭表面 MEP 和马利肯电荷布居分析（另见彩插）

5.2.2　官能团改性生物炭吸附 Pb²⁺ 的计算与结果分析

(1) 吸附后构型

得到优化后的官能团改性生物炭表面模型后，将 Pb²⁺ 放在模型中负电性最强的原子上方约 3Å 处的位置，得到用于计算的初始模型，一共 6 个，随后对这些模型进行几何优化，获得吸附后的构型，图 5-17 以羟基改性生物炭表面吸附模型为例，给出了该模型初始构型的侧视图、俯视图以及优化后的构型。

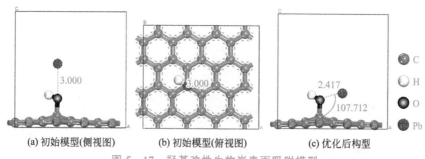

|(a) 初始模型(侧视图)|(b) 初始模型(俯视图)|(c) 优化后构型|

图 5-17　羟基改性生物炭表面吸附模型

其余 5 个模型几何优化后的构型，如图 5-18 所示。结合图 5-17(c) 和图 5-18 可以看到，对于不同的官能团改性的生物炭，几何优化后 Pb²⁺ 均吸附在电负性最大的原子附近，这与前面的 MEP 和马利肯电荷分析的结论吻合一致。

(2) 吸附能比较

6 种官能团改性生物炭表面对 Pb²⁺ 的吸附能、吸附距离 (Pb²⁺ 距强负电性原子的距离) 的计算结果，汇总如表 5-3 所示。

首先需要说明的是，在前文关于羧基改性生物炭表面 MEP 和马利肯电荷布居分析中提到，由于羧基中两个氧原子电荷非常接近，难以判定 Pb²⁺ 究竟更倾向于吸附在哪个氧原子附近。根据表 5-3 的计算结果可知，羧基中羰基氧原子对 Pb²⁺ 的吸附能的绝对值比羟基氧原子的大 13% 左右，因此 Pb²⁺ 更倾向于吸附在羰基氧原子附近 [图 5-18(a)]。

比较各官能团对应的吸附能数值可知，这些官能团对 Pb²⁺ 吸附作用强弱的排序为：羧基中羰基＞醚键＞羟基＞羰基＞碳碳双键＞环氧基。其中环氧基对 Pb²⁺ 的吸附能力最弱，羟基、羰基、碳碳双键三种官能团对 Pb²⁺ 的吸附能力比较接近，而醚键、羧基的吸附能力强于其余 4 种官能团。此外，根据前面的计算结果 (表 5-2) 可知，Pb²⁺ 在生物炭表面上吸附最强烈的位点为

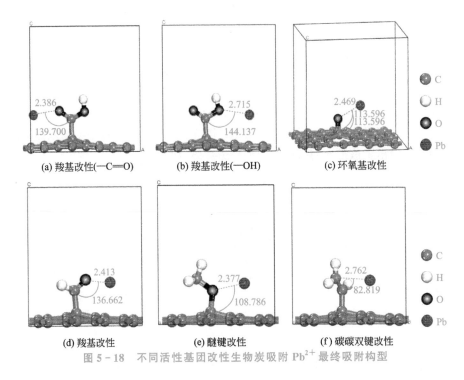

(a) 羧基改性(—C=O)　　(b) 羧基改性(—OH)　　(c) 环氧基改性

(d) 羧基改性　　(e) 醚键改性　　(f) 碳碳双键改性

图 5 - 18　不同活性基团改性生物炭吸附 Pb²⁺ 最终吸附构型

Hollow 位，其吸附能为 -3.657eV。图 5 - 19 比较了生物炭和官能团改性生物炭对 Pb²⁺ 的吸附能力。从图 5 - 19 中我们可以看到，这 6 种官能团对应的吸附能均大于生物炭表面上最强的 Hollow 位，这表明引入这些官能团均能起到增强对 Pb²⁺ 的吸附作用的效果，这与实验结果相吻合；另外，计算结果表明引入醚键、羧基时，这种增强效果更为显著，这不仅为生物炭吸附 Pb²⁺ 的作用机理提供了理论依据，还为今后生物炭官能团改性方案的设计（比如确定引入何种官能团）提供了有益的参考方向，可以指导实践应用。

（3）电荷和电子转移分析

不同官能团改性生物炭吸附 Pb²⁺ 后马利肯电荷布居分析和电子差分密度如图 5 - 20 所示。Pb²⁺ 主要与吸附位点上具有强负电性的原子发生作用，计算强负电性原子在吸附前后电荷的变化情况，汇总如表 5 - 4 所示。可以看到，官能团中强负电性原子在 Pb²⁺ 吸附后，负电性进一步增强；而且当强负电性原子为氧原子时，吸附前后氧原子电荷转移量的多少与吸附能的大小存在一定的对应关系，比如，羧基对 Pb²⁺ 吸附能最强，其氧原子的电荷转移量为 -0.092e，是所有氧原子中最大的；而环氧基对 Pb²⁺ 的吸附能最弱，其氧原子的电荷转移量仅为 -0.025e，是所有氧原子中最小的（比较绝对值大小）。

表 5 - 3　改性生物炭表面吸附能计算结果

能量	官能团						
	羟基	羧基中羰基	羧基中羟基	环氧基	羰基	醚键	碳碳双键
E_{total}/Ha	-1415.011717	-1528.299462	-1528.279583	-1414.369397	-1453.077077	-1454.276004	-1417.146705
$E_{surface}$/Ha	-1294.465837	-1407.746118	-1407.746951	-1293.838054	-1332.531293	-1333.725088	-1296.601697
E_{Pb}/Ha	-120.377983	-120.377983	-120.377983	-120.377983	-120.377983	-120.377983	-120.377983
E_{int}/Ha	-0.167897	-0.175361	-0.154649	-0.15336	-0.167801	-0.172933	-0.167025
E_{int}/eV	-4.569	-4.772	-4.208	-4.173	-4.566	-4.706	-4.545
吸附距离/Å	2.417	2.386	2.715	2.469	2.412	2.377	2.762

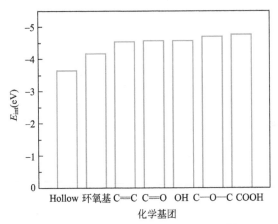

图 5 - 19　生物炭与官能团改性生物炭吸附 Pb^{2+} 能力比较

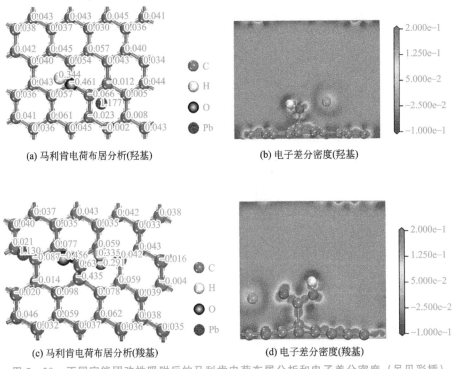

(a) 马利肯电荷布居分析(羟基)

(b) 电子差分密度(羟基)

(c) 马利肯电荷布居分析(羧基)

(d) 电子差分密度(羧基)

图 5 - 20　不同官能团改性吸附后的马利肯电荷布居分析和电子差分密度（另见彩插）

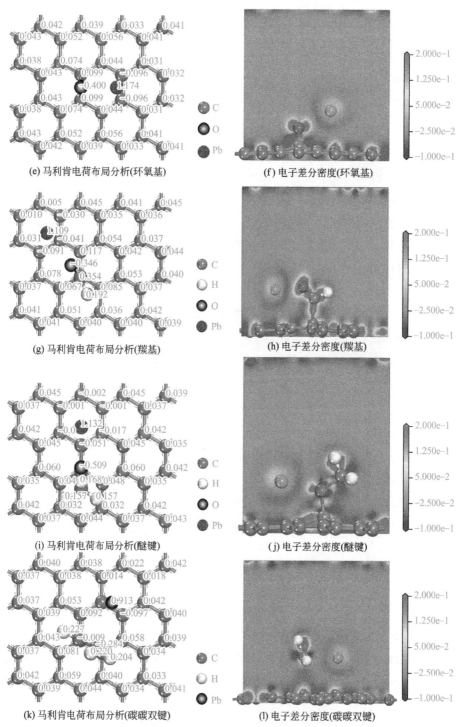

(e) 马利肯电荷布局分析(环氧基)

(f) 电子差分密度(环氧基)

(g) 马利肯电荷布局分析(羰基)

(h) 电子差分密度(羰基)

(i) 马利肯电荷布局分析(醚键)

(j) 电子差分密度(醚键)

(k) 马利肯电荷布局分析(碳碳双键)

(l) 电子差分密度(碳碳双键)

图 5-20　不同官能团改性吸附后的马利肯电荷布居分析和电子差分密度（续）（另见彩插）

表 5-4　吸附前后电荷转移量

负电性原子种类及电荷	官能团					
	羟基	羧基	环氧基	羰基	醚键	碳碳双键
强负电性原子	O	O	O	O	O	C
吸附前电荷/e	−0.419	−0.364	−0.375	−0.275	−0.435	−0.176
吸附后电荷/e	−0.461	−0.456	−0.400	−0.346	−0.509	−0.284
电荷转移量/e	−0.042	−0.092	−0.025	−0.071	−0.074	−0.108

进一步分析电子差分密度（图 5-20）可知，在这 6 种官能团吸附 Pb^{2+} 的最终构型中，均存在 Pb^{2+} 周围的冷色区域与官能团中强负电性原子周围的暖色区域相连通的情况，这表明 Pb^{2+} 与这些强负电性原子之间存在明显的电子得失与转移，这些强负电性原子电荷发生的变化正是改性生物炭与 Pb^{2+} 之间产生吸附作用力的内在机制。

5.3　本章小结

本章采用 DFT 在微观尺度上对生物炭和官能团改性生物炭表面的电荷性质进行分析，确定了 Pb^{2+} 在生物炭表面上的活性吸附位点，研究了生物炭对 Pb^{2+} 的吸附作用，计算了在生物炭不同位点引入不同活性基团后生物炭表面对 Pb^{2+} 的吸附能，定量比较了不同活性基团对生物炭吸附 Pb^{2+} 的增强作用，得出以下结论。

① 生物炭表面上的区域电荷分布较为均匀，未表现出明显的区域分布差异，同时，Pb^{2+} 在生物炭表面上不同位置的碳原子上的吸附同样不具有显著的选择性。

② 生物炭表面上 3 种吸附位点——Top 位、Bridge 位和 Hollow 位，对 Pb^{2+} 离子的吸附能均为负值，具有吸附作用，吸附能绝对值大小顺序关系为：$E_{(Top)} < E_{(Bridge)} < E_{(Hollow)}$。但数值相差较小，吸附的选择性倾向不显著。

③ 生物炭表面接入活性官能团后，都会致使局部电荷分布产生差异化，导致具有明显负电性区域的产生，这些区域的存在使得 Pb^{2+} 的吸附表现出选择性，区域中的强负电性原子是 Pb^{2+} 吸附的活性位点。

④ 引入的官能团对应的吸附能的绝对值均大于生物炭表面上最强的 Hollow 位，而且这些官能团对 Pb^{2+} 吸附作用的强弱排序为：羧基中羰基＞醚

键>羟基>羰基>碳碳双键>环氧基。引入的官能团均能起到增强对 Pb^{2+} 的吸附的作用，尤其以引入醚键、羧基时，这种增强效果最为显著。

⑤ 生物炭、官能团改性生物炭对 Pb^{2+} 的吸附作用，其内在作用机理在于 Pb^{2+} 与生物炭上原子之间发生的电子得失和转移；说明生物炭材料对 Pb^{2+} 的吸附过程属于化学过程，该结论与第 4 章中吸附动力学、吸附等温线模型线性拟合结果相一致。

本章的计算结果，不仅能对实际的实验观测结果作出合理的解释，还能为生物炭官能团改性方案的设计提供有益的参考和借鉴，进而指导实践应用。

第6章

结论与展望

6.1　结　论

　　本研究以樟树落叶为原料，采用低温热解生物质的方法制备生物炭，并基于樟树叶基生物炭的分子特性，进行了氧化改性、氢氧化钾活化改性、磁化改性和纳米复合改性等功能化改性，然后通过扫描电镜、傅里叶变换红外光谱、X射线衍射分析、X射线光电子能谱、氮气吸附-脱附等先进分析技术表征改性生物炭，阐释了改性机理。在此基础上，以代表性较强的 Pb^{2+} 为目标重金属，通过静态吸附实验，系统地考察了吸附时间、溶液 pH、离子初始浓度和温度对樟树叶生物炭材料吸附 Pb^{2+} 的影响规律，并利用吸附动力学、吸附等温线、吸附热力学和密度泛函理论计算，进一步揭示了吸附机理。通过研究得到以下结论：

　　① 樟树叶基生物炭是具有一定的孔隙结构和含氧基团的富碳结构物质，具备化学改性的基本骨架。在此基础上，采用四种方法对樟树叶基生物炭进行改性，考察发现：经化学氧化改性、氢氧化钾活化改性后，生物炭的孔隙结构、比表面积和含氧基团均有所增加；磁性生物炭表征结果表明成功负载四氧化三铁纳米颗粒，这种磁性纳米颗粒在增加生物炭比表面积的同时，会发生颗粒团聚堵塞生物炭孔隙结构，造成生物炭比表面积减小，其总比表面积是上述两个过程综合的结果；通过一步共沉淀法制备纳米复合生物炭，生物炭表面均匀负载有镁铝层状氧化物，其微孔减少、比表面积降低。采用 0.1mol/L 盐酸作为解吸剂，可以把生物炭吸附剂吸附的 Pb^{2+} 洗脱下来，再生生物炭吸附剂经过 3 次循环使用，吸附性能基本能保持在初始吸附率的 80% 以上，证明具备一定的循环再生性能。

　　② 生物炭改性前后对 Pb^{2+} 的吸附受吸附时间、溶液 pH 和 Pb^{2+} 初始浓度等因素影响较大，受温度影响较小。经过功能化改性测试，发现四种改性方

法均提高了吸附速率。与生物炭相比，除磁性生物炭外，其余三种功能化改性生物炭对 Pb^{2+} 的吸附性能均显著提高，特别是纳米复合生物炭，阳离子交换和阴离子表面沉淀显著提高了对 Pb^{2+} 的吸附性能，这主要是由于改性使得生物炭引入了含氧基团且比表面积增大。磁化改性后，生物炭对 Pb^{2+} 的吸附能力降低，主要归因于比表面积减小，但通过在生物炭表面负载磁性粒子，可以通过外加磁场将生物炭从溶液中较容易地分离出来，提高了生物炭的实用性。

③ 运用吸附动力学、吸附等温线、吸附热力学等理论，揭示了改性前后生物炭对 Pb^{2+} 的吸附机理。生物炭材料吸附过程均符合准二级动力学模型和 Langmuir 模型，并且以内扩散机制为主，同时液膜扩散在吸附平衡阶段也有一定作用。生物炭材料对 Pb^{2+} 的吸附为单分子层化学吸附。通过热力学分析发现，氧化生物炭吸附 Pb^{2+} 是自发、熵增、放热的过程，氢氧化钾活化生物炭吸附 Pb^{2+} 是自发、熵减、放热的过程，磁性生物炭与纳米复合生物炭吸附 Pb^{2+} 是自发、熵增、吸热的过程。

④ 借助量子力学中的密度泛函理论，采用 MS 软件在原子尺度上研究了生物炭对 Pb^{2+} 的吸附作用。通过生物炭表面的电荷性质分析确定了生物炭表面活性位点，发现生物炭表面上电荷分布较为均匀，电荷区域性差异不显著；生物炭表面上 3 种吸附位点对 Pb^{2+} 吸附的强弱顺序依次为：Top＜Bridge＜Hollow（Top 为顶位，Bridge 为桥位，Hollow 为孔位），但吸附性能差异不显著。同时，研究了生物炭表面接入羟基、羧基、醚键、羰基、碳碳双键、环氧基等活性基团的影响，发现活性基团的接入，会导致生物炭表面局部电荷分布差异化而产生强负电性区域，这是 Pb^{2+} 吸附的活性位点；通过计算得出不同官能团对 Pb^{2+} 的吸附能力不同，其强弱顺序为：羧基中羰基＞醚键＞羟基＞羰基＞碳碳双键＞环氧基，各官能团对 Pb^{2+} 的吸附作用均大于生物炭的 Hollow 位。通过对生物炭及活性基团表面静电势和电子差分密度进行分析，发现在生物炭及官能团改性生物炭吸附 Pb^{2+} 的过程中，两者存在原子之间电子的得失和转移。

6.2　展望

本书的研究旨在将成本低、来源广、可再生的樟树叶转化为生物炭材料，实现废弃生物质管理、碳封存和废水处理，通过氧化改性、氢氧化钾活化改性、磁化改性和纳米复合改性，对樟树叶基生物炭进行了表面改性，改性后的生物炭对 Pb^{2+} 的吸附性能均有显著提升，这为通过改性赋予生物炭更多功能提供了一定的借鉴。但局限于时间和篇幅，未探究生物炭吸附剂的工业化应用，这还有待更深入地开展相关研究工作。具体来说，后续工作主要有以下两点：

① 高效生物炭吸附剂的开发，通过生物炭的可控改性显著提升生物炭对其他重金属的吸附能力和吸附效率，包括复合改性、寻找性能更卓越的生物材料甚至强效专一性吸附剂等；

② 生物炭对含有重金属的废水处理的放大实验，包括实际废水吸附、动态吸附以及更大规模装置吸附的模拟和研究。

参 考 文 献

毕景望，单锐，韩静，等，2020. 改性西瓜皮生物炭的制备及其对 Pb（Ⅱ）的吸附特性 [J]. 环境科学，41（4）：1770-1778.

常帅帅，张学杨，王洪波，等，2019. 秸秆生物炭对 Pb^{2+} 的吸附性能及影响因素研究 [J]. 环境科技，32（6）：23-28.

常帅帅，张学杨，王洪波，等，2020. 木屑生物炭的制备及其对 Pb^{2+} 的吸附特性研究 [J]. 生物质化学工程，54（3）：37-44.

陈温福，张伟明，孟军，等，2011. 生物炭应用技术研究 [J]. 中国工程科学，13（2）：83-89.

陈浙锐，邱鸿鑫，王光辉，2020. 水分子在高岭石（001）面吸附的密度泛函计算 [J]. 硅酸盐通报，39（1）：247-253.

戴铁军，程会强，2008. 我国工业用水量分析与节水措施 [J]. 工业水处理，28（10）：9-12.

冯宁川，2009. 橘子皮化学改性及其对重金属离子吸附行为的研究 [D]. 长沙：中南大学：1-2.

付永胜，赵君凤，王群，等，2016. 木质素离子交换树脂对重金属离子的吸附效能 [J]. 环境工程学报，10（8）：4314-4318.

韩鲁佳，李彦霈，刘贤，等，2017. 生物炭吸附水体中重金属机理与工艺研究进展 [J]. 农业机械学报，48（11）：1-11.

荆王松，王长智，梅荣武，等，2018. 改性磁铁矿/H_2O_2 非均相类 Fenton 体系催化降解橙黄Ⅱ的研究 [J]. 浙江大学学报（理学版），45（4）：461-467.

康雪晶，魏永杰，2016. 膜分离法处理重金属废水研究进展 [J]. 广东化工，43（12）：143-144.

雷英春，2011. 电解法处理高浓度含铬废水回收铬的研究 [J]. 安全与环境学报，11（6）：43-45.

李金阳，郭海燕，沈飞，等，2018. 水稻秸秆及其厌氧消化残渣生物炭对 Cd（Ⅱ）吸附性能研究 [J]. 农业环境科学学报，37（3）：585-591.

李静，邵孝候，林锴，等，2020. 纳米 Fe_3O_4 负载酸改性椰壳炭对水体中 Pb^{2+} 和 Cd^{2+} 的吸附 [J]. 农业资源与环境学报，37（2）：241-251.

李宁杰，2015. 白腐真菌对废水中 Pb^{2+} 的去除及稳定化机理的研究 [D]. 长沙：湖南大学.

李青竹，2011. 改性麦糟吸附剂处理重金属废水的研究 [D]. 长沙：中南大学.

李文哲，徐名汉，李晶宇，2013. 畜禽养殖废弃物资源化利用技术发展分析 [J]. 农业机械学报，44（5）：135-142.

李晓丽，2013. 聚合物基新型复合吸附材料的制备及对水体中重金属污染物的吸附性能研究 [D]. 兰州：兰州大学：2-3.

李新宝，谷巍，曹永，2013. 石墨烯复合材料对水中金属离子的吸附研究进展 [J]. 功能材料，44（S1）：5-10＋14.

李妍，唐晓琳，赵红梅，2017. 电解法处理电镀废水的研究进展 [J]. 中国资源综合利用，35（9）：79-81.

林建伟，方巧，詹艳慧，2015. 镧-四氧化三铁-沸石复合材料制备及去除水中磷酸盐和铵 [J]. 环境化学，34（12）：2287-2297.

刘宏燕，2010. 椰壳活性炭改性及其对 Pb²⁺ 的吸附性能研究 [D]. 长沙：中南大学.

刘琼，李涛，支娟娟，等，2017. 生物质基活性炭处理重金属废水研究进展 [J]. 现代化工，37（1）：18-22.

刘珊珊，孟召平，2015. 等温吸附过程中不同煤体结构煤能量变化规律 [J]. 煤炭学报，40（6）：1422-1427.

刘书畅，黄应平，熊彪，等，2020. 不同热解温度制备柚子皮生物炭对 Pb(Ⅱ) 的吸附机理 [J]. 武汉大学学报（理学版），66（4）：361-368.

刘婷婷，潘志东，黎振源，等，2017. 用于吸附重金属离子的磁性纳米伊/蒙黏土的制备 [J]. 硅酸盐学报，45（1）：29-36.

刘雪梅，吴凡，章海亮，等，2020. Fe(Ⅲ) 负载改性橘子皮对 Pb²⁺ 的吸附性能研究 [J]. 应用化工，49（1）：17-21.

刘悦，黎子涵，邹博，等，2017. 生物炭影响作物生长及其与化肥混施的增效机制研究进展 [J]. 应用生态学报，28（3）：1030-1038.

吕宏虹，宫艳艳，唐景春，等，2015. 生物炭及其复合材料的制备与应用研究进展 [J]. 农业环境科学学报，34（8）：1429-1440.

马锋锋，赵保卫，刁静茹，2017. 小麦秸秆生物炭对水中 Cd²⁺ 的吸附特性研究 [J]. 中国环境科学，37（2）：551-559.

马娜，陈玲，何培松，等，2004. 城市污泥资源化利用研究 [J]. 生态学杂志，23（1）：86-89.

聂发辉，刘荣荣，周永希，等，2016. 利用木质纤维素废弃物吸附重金属离子的研究进展 [J]. 水处理技术，42（1）：12-19.

潘建梅，严学华，程晓农，等，2013. 甘蔗渣制备生物形态分级多孔木质陶瓷 [J]. 功能材料，44（8）：1191-1194.

万金保，王建永，2008. 中和/微滤工艺处理重金属酸性废水的试验研究 [J]. 中国给水排水，24（1）：62-64.

王彤彤，马江波，曲东，等，2017. 两种木材生物炭对铜离子的吸附特性及其机制 [J]. 环境科学，38（5）：2161-2171.

王延斌，陶传奇，倪小明，等，2018. 基于吸附势理论的深部煤储层吸附气量研究 [J]. 煤炭学报，43（6）：1547-1552.

王艳，李春花，龚畏，等，2017. Fe/生物炭活化过硫酸盐降解偶氮染料金橙Ⅱ [J]. 应用化工，46（12）：2328-2330+2335.

王扬，2017. 生物炭催化过氧化氢降解水体中磺胺二甲基嘧啶的研究 [D]. 长沙：湖南大学.

王重庆，王晖，江小燕，等，2019. 生物炭吸附重金属离子的研究进展 [J]. 化工进展，38（1）：692-706.

徐小逊，吴娇，盛美华，等，2019. 啤酒糟生物炭的性质及其对水中 Pb^{2+} 的吸附特性研究 [J]. 安全与环境学报，19（5）：1711-1718.

杨帆，刘志英，赵浩，等，2017. 非均相微波协同类 Fenton 催化降解废水中的苯酚 [J]. 工业水处理，37（10）：61-65.

杨岚清，张世熔，彭雅茜，等，2020. 4 种农业废弃物对废水中 Cd^{2+} 和 Pb^{2+} 的吸附特征 [J]. 生态与农村环境学报，36（11）：1468-1476.

尹鹏，陈海，杨慧，等，2018. Fe_3O_4/CeO_2 - H_2O_2 非均相类 Fenton 体系下降解 TCE 的研究 [J]. 环境科学学报，38（2）：467-474.

袁良霄，刘有才，黄叶钿，等，2020. Zn/Al 类水滑石磁性生物炭复合材料的制备及其对 Pb^{2+} 的吸附性能 [J]. 环境科技，33（2）：38-43

张超，宋开慧，王幸，等，2013. 水分子在高岭石中插层行为的量子化学研究 [J]. 分子科学学报，29（2）：134-141.

张更宇，张冬冬，2016. 化学沉淀法处理电镀废液中重金属的实验研究 [J]. 山东化工，45（16）：215-216.

张海波，闫洋洋，程红艳，等，2020. 平菇菌糠生物炭对水体中 Pb^{2+} 的吸附特性与机制 [J]. 环境工程学报，14（11）：3170-3181.

张惠宁，2016. 氧化石墨烯基复合材料的制备及其对水中重金属离子与染料的吸附性能研究 [D]. 武汉：武汉大学.

张利平，夏军，胡志芳，2009. 中国水资源状况与水资源安全问题分析 [J]. 长江流域资源与环境，18（2）：116-120.

张连科，刘心宇，王维大，等，2018. 油料作物秸秆生物炭对水体中铅离子的吸附特性与机制 [J]. 农业工程学报，34（7）：218-226.

张雪彦，金灿，刘贵锋，等，2017. 重金属离子吸附材料的研究进展 [J]. 生物质化学工程，51（1）：51-58.

张玉敏，郭艳华，周伟，等，2019. 改性橙皮生物吸附剂的制备及对 Pb(Ⅱ) 的吸附研究 [J]. 天然产物研究与开发，31（10）：1807-1814.

张运春，2017. 生物炭在去除废水中重金属的应用现状 [J]. 水污染及处理，5（4）：78-85.

赵婷婷，刘杰，刘茜茜，等，2016. KMnO₄ 存在下利用水热法由牛粪制备水热炭及其吸附 Pb（Ⅱ）性能 [J]. 环境化学，35 （12）：2535 - 2542.

中华人民共和国生态环境部，2018. 2022 中国生态环境状况公报 [R/OL]. https：//www. mee. gov. cn/hjzl/sthjzk/zghjzkgb/202305/P020230529570623593284. pdf.

周云，陈学民，郝火凡，等，1994. 用交换吸附：电解法处理含铜电镀废水研究 [J]. 兰州铁道学院学报，13 （2）：53 - 57.

朱银涛，李业东，王明玉，等，2018. 玉米秸秆碱化处理制备的生物炭吸附锌的特性研究 [J]. 农业环境科学学报，37 （1）：179 - 185.

邹涛，刘明远，2017. 离子交换法处理工业废水中重金属的现状与发展 [J]. 山东化工，46 （10）：190 - 192.

AHMAD M, RAJAPAKSHA A U, LIM J E, et al, 2014. Biochar as a sorbent for contaminant management in soil and water：A review [J]. Chemosphere, 99：19 - 33.

BAIG S A, ZHU J, MUHAMMAD N, et al, 2014. Effect of synthesis methods on magnetic Kans grass biochar for enhanced As（Ⅲ，Ⅴ）adsorption from aqueous solutions [J]. Biomass and Bioenergy, 71：299 - 310.

BOLAN N S, THANGARAJAN R, SESHADRI B, et al, 2013. Landfills as a biorefinery to produce biomass and capture biogas [J]. Bioresource Technology, 135：578 - 587.

CANTRELL K B, HUNT P G, UCHIMIYA M, et al, 2012. Impact of pyrolysis temperature and manure source on physicochemical characteristics of biochar [J]. Bioresource Technology, 107：419 - 428.

CAO X, MA L, GAO B, et al, 2009. Dairy - manure derived biochar effectively sorbs lead and atrazine [J]. Environmental Science & Technology, 43 （9）：3285 - 3291.

CHEN B L, CHEN Z M, 2009. Sorption of naphthalene and 1 - naphthol by biochars of orange peels with different pyrolytic temperatures [J]. Chemosphere, 76 （1）：127 - 133.

CHEN H, XIE A B, YOU S H, 2018. A review：advances on absorption of heavy metals in the waste water by biochar [C] //IOP Conference Series：Materials science and engineering. Bristol：IOP Publishing, 301 （1）：012160.

CHEN Y D, HO S H, WANG D W, et al, 2018. Lead removal by a magnetic biochar derived from persulfate - ZVI treated sludge together with one - pot pyrolysis [J]. Bioresource Technology, 247：463 - 470.

CIBATI A, FOEREID B, BISSESSUR A, et al, 2017. Assessment of *Miscanthus* × *giganteus* derived biochar as copper and zinc adsorbent：study of the effect of pyrolysis temperature, pH and hydrogen peroxide modification [J]. Journal of Cleaner Production, 162：1285 - 1296.

CIFUENTES L, GARCÍA I, ARRIAGADA P, et al, 2009. The use of eletrotialysis for metal separation and water recovery from CuSO₄ - H₂SO₄ - Fe solutions [J]. Separation and Purifification Technology, 68 (1): 105 - 108.

DEHKHODA A M, WEST A H, ELLIS N, 2010. Biochar based solid acid catalyst for biodiesel production [J]. Applied Catalysis A: General, 382 (2): 197 - 204.

DENG J Q, LIU Y G, LIU S B, et al, 2017. Competitive adsorption of Pb(Ⅱ), Cd (Ⅱ) and Cu(Ⅱ) onto chitosan - pyromellitic dianhydride modified biochar [J]. Journal of Colloid and Interface Science, 506: 355 - 364.

DEVI P, SAROHA A K, 2013. Effect of temperature on biochar properties during paper mill sludge pyrolysis [J]. International Journal of ChemTech Research, 5 (2): 682 - 687.

DIALYNAS E, DIAMADOPOULOS E, 2009. Integration of a membrane bioreactor coupled with reverse osmosis for advanced treatment of municipal wastewater [J]. Disalination, 238 (1 - 3): 302 - 311.

DINARI M, MALLAKPOUR S, 2014. Ultrasound - assisted one - pot preparation of organo - modified nano - sized layered double hydroxide and its nanocomposites with polyvinylpyrrolidone [J]. Journal of Polymer Research, 21 (2): 350.

DING W C, DONG X L, IME I M, et al, 2014. Pyrolytic temperatures impact lead sorption mechanisms by bagasse biochars [J]. Chemosphere, 105: 68 - 74.

DONG X L, MA L Q, LI Y C, 2011. Characteristics and mechanisms of hexavalent chromium removal by biochar from sugar beet tailing [J]. Journal of Hazardous Materials, 190 (1 - 3): 909 - 915.

DUAN Q N, LEE J C, LIU Y S, et al, 2016. Distribution of heavy metal pollution in surface soil samples in China: a graphical review [J]. Bulletin of Environmental Contamination and Toxicology, 97 (3): 303 - 309.

FAROOQ U, KOZINSKI J A, KHAN M A, et al, 2010. Biosorption of heavy metal ions using wheat based biosorbents - a review of the recent literature [J]. Bioresource Technology, 101 (14): 5043 - 5053.

FEBRIANTO J, KOSASIH A N, SUNARSO J, et al, 2009. Equilibrium and kinetic studies in adsorption of heavy metals using biosorbent: a summary of recent studies [J]. Journal of Hazardous Materials, 162 (2 - 3): 616 - 645.

FOO K Y, HAMEED B H, 2010. Insights into the modeling of adsorption isotherm systems [J]. Chemical Engineering Journal, 156 (1): 2 - 10.

FREUNDLICH H, 1907. Über die adsorption in lösungen [J]. Zeitschrift für Physikalische Chemie, 57 (1): 385 - 470.

GRIMME S, 2006. Semiempirical GGA - type density functional constructed with a long - range dispersion correction [J]. Journal of Computational Chemistry, 27 (15): 1787 - 1799.

HAN Y T, CAO X, OUYANG X, et al, 2016. Adsorption kinetics of magnetic biochar derived from peanut hull on removal of Cr(Ⅵ) from aqueous solution: effects of production conditions and particle size [J]. Chemosphere, 145: 336 - 341.

HARADA M, 1995. Minamata disease: methylmercury poisoning in Japan caused by environmental pollution [J]. Critical reviews in toxicology, 25 (1): 1 - 24.

HE R Z, PENG Z Y, LYU H H, et al, 2018. Synthesis and characterization of an iron - impregnated biochar for aqueous arsenic removal [J]. Science of The Total Environment, 612: 1177 - 1186.

HO S H, CHEN Y D, YANG Z K, et al, 2017. High - efficiency removal of lead from wastewater by biochar derived from anaerobic digestion sludge [J]. Bioresource Technology, 246: 142 - 149.

HO S H, ZHU S S, CHANG J S, 2017. Recent advances in nanoscale - metal assisted biochar derived from waste biomass used for heavy metals removal [J]. Bioresource Technology, 246: 123 - 134.

HO Y S, MCKAY G, 1999. The sorption of lead (Ⅱ) ions on peat [J]. Water Research, 33 (2): 578 - 584.

HO Y S, 2006. Review of second - order models for adsorption systems [J]. Journal of Hazardous Materials, 136 (3): 681 - 689.

HOUBEN D, EVRARD L, SONNET P, 2013. Mobility, bioavailability and pH - dependent leaching of cadmium, zinc and lead in a contaminated soil amended with biochar [J]. Chemosphere, 92 (11): 1450 - 1457.

HUANG Q, SONG S, CHEN Z, et al, 2019. Biochar - based materials and their applications in removal of organic contaminants from wastewater: state - of - the - art review [J]. Biochar, 1: 45 - 73.

HUANG X X, LIU Y G, LIU S B, et al, 2016. Effective removal of Cr(Ⅵ) using β - cyclodextrin - chitosan modified biochars with adsorption/reduction bifuctional roles [J]. RSC Advances, 6 (1): 94 - 104.

JIN H M, CAPAREDA S, CHANG Z Z, et al, 2014. Biochar pyrolytically produced from municipal solid wastes for aqueous As(Ⅴ) removal: adsorption property and its improvement with KOH activation [J]. Bioresource Technology, 169: 622 - 629.

JOSEPH S, LEHMANN J, 2015. Biochar for environmental management: an introduction [M] //JOSEPH S, LEHMANN J. Biochar for Environmental Management: Science Technology and Implementqtion. London: Routledge: 33 - 46.

JOSEPH S, LEHMANN J, 2015. Biochar for environmental management: science, technology and implementation [M]. London: Routledge.

JUNG K W, LEE S Y, LEE Y J, 2018. Hydrothermal synthesis of hierarchically structured birnessite - type MnO₂/biochar composites for the adsorptive removal of Cu(Ⅱ) from aqueous media [J]. Bioresource Technology, 260: 204 - 212.

JUREČKA P, ČERNÝ J, HOBZA P, et al, 2007. Density functional theory augmented with an empirical dispersion term. Interaction energies and geometries of 80 noncovalent complexes compared with Ab Initio quantum mechanics calculations [J]. Journal of Computational Chemistry, 28 (2): 555 - 569.

KARUNANAYAKE A G, TODD O A, CROWLEY M, et al, 2018. Lead and cadmium remediation using magnetized and nonmagnetized biochar from Douglas fir [J]. Chemical Engineering Journal, 331: 480 - 491.

KASTNER J R, MILLER J, GELLER D P, et al, 2012. Catalytic esterification of fatty acids using solid acid catalysts generated from biochar and activated carbon [J]. Catalysis Today, 190 (1): 122 - 132.

KEILUWEIT M, NICO P S, JOHNSON M G, et al, 2010. Dynamic molecular structure of plant biomass - derived black carbon (biochar) [J]. Environmental Science & Technology, 44 (4): 1247 - 1253.

KHATAEE A, KAYAN B, GHOLAMI P, et al, 2017. Sonocatalytic degradation of Reactive Yellow 39 using synthesized ZrO_2 nanoparticles on biochar [J]. Ultrasonics Sonochemistry, 39: 540 - 549.

KLOSS S, ZEHETNER F, DELLANTONIO A, et al, 2012. Characterization of slow pyrolysis biochars: effects of feedstocks and pyrolysis temperature on biochar properties [J]. Journal of Environmental Quality, 41 (4): 990 - 1000.

KONG H L, HE J, GAO Y Z, et al, 2011. Cosorption of phenanthrene and mercury (II) from aqueous solution by soybean stalk - based biochar [J]. Journal of Agricultural and Food Chemistry, 59 (22): 12116 - 12123.

KUMAR S, LOGANATHAN V A, GUPTA R B, et al, 2011. An assessment of U (VI) removal from groundwater using biochar produced from hydrothermal carbonization [J]. Journal of Environmental Management, 92 (10): 2504 - 2512.

LAGERGREN S K, 1898. About the theory of so - called adsorption of soluble substances [J]. Sven. Vetenskapsakad. Handingarl, 24: 1 - 39.

LAIRD D A, BROWN R C, AMONETTE J E, et al, 2009. Review of the pyrolysis platform for coproducing bio - oil and biochar [J]. Biofuels, Bioproducts and Biorefining, 3 (5): 547 - 562.

LAIRD D, FLEMING P, WANG B Q, et al, 2010. Biochar impact on nutrient leaching from a Midwestern agricultural soil [J]. Geoderma, 158 (3 - 4): 436 - 442.

LALHMUNSIAMA, GUPTA P L, HYUNHOON J, et al, 2017. Insight into the mechanism of Cd(II) and Pb(II) removal by sustainable magnetic biosorbent precursor to *Chlorella vulgaris* [J]. Journal of the Taiwan Institute of Chemical Engineers, 71:

206 – 213.

LANGMUIR I，1916. The constitution and fundamental properties of solids and liquids. Part I. Solids [J]. Journal of the American Chemical Society，38 (11)：2221 – 2295.

LEE J W，KIDDER M，EVANS B R，et al，2010. Characterization of biochars produced from cornstovers for soil amendment [J]. Environmental Science & Technology，44 (20)：7970 – 7974.

LEHMANN J，GAUNT J，RONDON M，2006. Bio – char sequestration in terrestrial ecosystems – a review [J]. Mitigation and Adaptation Strategies for Global Change，11 (2)：403 – 427.

LI B，YANG L，WANG C Q，et al，2017. Adsorption of Cd(Ⅱ) from aqueous solutions by rape straw biochar derived from different modification processes [J]. Chemosphere，175：332 – 340.

LI M，LIU Q，GUO L J，et al，2013. Cu(Ⅱ) removal from aqueous solution by *Spartina alterniflora* derived biochar [J]. Bioresource technology，141：83 – 88.

LI S P，2006. The dynamic process in the formation of Tyr/LDH nanohybrids [J]. Colloids and Surfaces A：Physicochemical and Engineering Aspects，290 (1 – 3)：56 – 61.

LIANG J，LI X M，YU Z G，et al，2017. Amorphous MnO₂ modified biochar derived from aerobically composted swine manure for adsorption of Pb(Ⅱ) and Cd(Ⅱ) [J]. ACS Sustainable Chemistry & Engineering，5 (6)：5049 – 5058.

LIBRA J A，RO K S，KAMMANN C，et al，2011. Hydrothermal carbonization of biomass residuals：a comparative review of the chemistry，processes and applications of wet and dry pyrolysis [J]. Biofuels，2 (1)：71 – 106.

LING L L，LIU W J，ZHANG S，et al，2017. Magnesium oxide embedded nitrogen self – doped biochar composites：fast and high – efficiency adsorption of heavy metals in an aqueous solution [J]. Environmental Science & Technology，51 (17)：10081 – 10089.

LIU C M，DIAO Z H，HUO W Y，et al，2018. Simultaneous removal of Cu²⁺ and bisphenol A by a novel biochar – supported zero valent iron from aqueous solution：synthesis，reactivity and mechanism [J]. Environmental Pollution，239：698 – 705.

LIU Z G，ZHANG F S，WU J Z，2010. Characterization and application of chars produced from pinewood pyrolysis and hydrothermal treatment [J]. Fuel，89 (2)：510 – 514.

LUO M K，LIN H，LI B，et al，2018. A novel modification of lignin on corncob – based biochar to enhance removal of cadmium from water [J]. Bioresource Technology，259：312 – 318.

MA Y，LIU W J，ZHANG N，et al，2014. Polyethylenimine modified biochar adsorbent for hexavalent chromium removal from the aqueous solution [J]. Bioresource Technology，169：403 – 408.

MASON L H, HARP J P, HAN D Y, 2014. Pb neurotoxicity: neuropsychological effects of lead toxicity [J]. BioMed Research International: 840547.

MIAN M M, LIU G, 2018. Recent progress in biochar – supported photocatalysts: synthesis, role of biochar, and applications [J]. RSC Advances, 8 (26): 14237 – 14248.

MOHAN D, KUMAR H, SARSWAT A, et al, 2014. Cadmium and lead remediation using magnetic oak wood and oak bark fast pyrolysis bio – chars [J]. Chemical Engineering Journal, 236: 513 – 528.

MOHAN D, PITTMAN C U, STEELE P H, 2006. Pyrolysis of wood/biomass for bio – oil: a critical review [J]. Energy & Fuels, 20 (3): 848 – 889.

MOHAN D, RAJPUT S, SINGH V K, et al, 2011. Modeling and evaluation of chromium remediation from water using low cost bio – char, a green adsorbent [J]. Journal of Hazardous Materials, 188 (1 – 3): 319 – 333.

MOHSEN – NIA M, MONTAZERI P, MODARRESS H, 2007. Removal of Cu^{2+} and Ni^{2+} from wastewater with a chelating agent and reverse osmosis processes [J]. Disalination, 217 (1 – 3): 276 – 281.

MULLEN C A, BOATENG A A, GOLDBERG N M, et al, 2010. Bio – oil and bio – char production from corn cobs and stover by fast pyrolysis [J]. Biomass and Bioenergy, 34 (1): 67 – 74.

MYERSON A S, JANG S M, 1995. A comparison of binding energy and metastable zone width for adipic acid with various additives [J]. Journal of Crystal Growth, 156 (4): 459 – 466.

NOGAWA K, SAKURAI M, ISHIZAKI M, et al, 2017. Threshold limit values of the cadmium concentration in rice in the development of itai – itai disease using benchmark dose analysis [J]. Journal of Applied Toxicology, 37 (8): 962 – 966.

ORTMANN F, BECHSTEDT F, SCHMIDT W G, 2006. Semiempirical van der Waals correction to the density functional description of solids and molecular structures [J]. Physical Review B, 73 (20): 205101. 1 – 205101. 10.

PARK J H, WANG J J, XIAO R, et al, 2018. Degradation of Orange G by Fenton – like reaction with Fe – impregnated biochar catalyst [J]. Bioresource Technology, 249: 368 – 376.

PENG H B, GAO P, CHU G, et al, 2017. Enhanced adsorption of Cu(II) and Cd (II) by phosphoric acid – modified biochars [J]. Environmental Pollution, 229: 846 – 853.

PETROVIĆ J T, STOJANOVIĆ M D, MILOJKOVIĆ J V, et al, 2016. Alkali modified hydrochar of grape pomace as a perspective adsorbent of Pb^{2+} from aqueous solution [J]. Journal of Environmental Management, 182: 292 – 300.

PIAO S L, CIAIS P, HUANG Y, et al, 2010. The impacts of climate change on water resources and agriculture in China [J]. Nature, 467 (7311): 43 - 51.

QIAN K Z, KUMAR A, ZHANG H L, et al, 2015. Recent advances in utilization of biochar [J]. Renewable and Sustainable Energy Reviews, 42: 1055 - 1064.

QIN J L, CHEN Q C, SUN M X, et al, 2017. Pyrolysis temperature - induced changes in the catalytic characteristics of rice husk - derived biochar during 1,3 - dichloropropene degradation [J]. Chemical Engineering Journal, 330: 804 - 812.

REDDY D H K, LEE S M, 2014. Magnetic biochar composite: facile synthesis, characterization, and application for heavy metal removal [J]. Colloids and Surfaces A: Physicochemical and Engineering Aspects, 454: 96 - 103.

RO K S, CANTRELL K B, HUNT P G, 2010. High - temperature pyrolysis of blended animal manures for producing renewable energy and value - added biochar [J]. Industrial & Engineering Chemistry Research, 49 (20): 10125 - 10131.

ROBERTS K G, GLOY B A, JOSEPH S, et al, 2010. Life cycle assessment of biochar systems: estimating the energetic, economic, and climate change potential [J]. Environmental Science & Technology, 44 (2): 827 - 833.

RUTHIRAAN M, ABDULLAH E C, MUBARAK N M, et al, 2017. A promising route of magnetic based materials for removal of cadmium and methylene blue from waste water [J]. Journal of Environmental Chemical Engineering, 5 (2): 1447 - 1455.

SATAYEVA A R, HOWELL C A, KOROBEINYK A V, et al, 2018. Investigation of rice husk derived activated carbon for removal of nitrate contamination from water [J]. Science of The Total Environment, 630: 1237 - 1245.

SHAHEEN S M, NIAZI N K, HASSAN N E E, et al, 2019. Wood - based biochar for the removal of potentially toxic elements in water and wastewater: a critical review [J]. International Materials Reviews, 64 (4): 216 - 247.

SHAHEEN S M, NIAZI N K, HASSAN N E E, et al, 2019. Wood - based biochar for the removal of potentially toxic elements in water and wastewater: a critical review [J]. International Materials Reviews, 64 (4): 1 - 32.

SHEKHAWAT K, CHATTERJEE S, JOSHI B, 2015. Chromium toxicity and its health hazards [J]. International Journal of Advanced Research, 3 (7): 167 - 172.

SHI S Q, YANG J K, LIANG S, et al, 2018. Enhanced Cr(Ⅵ) removal from acidic solutions using biochar modified by $Fe_3O_4@SiO_2 - NH_2$ particles [J]. Science of The Total Environment, 628 - 629: 499 - 508.

SHI Y J, ZHANG T, REN H Q, et al, 2018. Polyethylene imine modifiedhydrochar adsorption for chromium (Ⅵ) and nickel (Ⅱ) removal from aqueous solution [J]. Bioresource Technology, 247: 370 - 379.

SHIM T, YOO J, RYU C, et al, 2015. Effect of steam activation of biochar produced from a giant *Miscanthus* on copper sorption and toxicity [J]. Bioresource Technology, 197: 85 - 90.

SINGH B P, COWIE A L, SMERNIK R J, 2012. Biochar carbon stability in a clayey soil as a function of feedstock and pyrolysis temperature [J]. Environmental Science & Technology, 46 (21): 11770 - 11778.

SIZMUR T, FRESNO T, AKGÜL G, et al, 2017. Biochar modification to enhance sorption of inorganics from water [J]. Bioresource Technology, 246: 34 - 47.

SON E B, POO K M, CHANG J S, et al, 2018. Heavy metal removal from aqueous solutions using engineered magnetic biochars derived from waste marine macro – algal biomass [J]. Science of The Total Environment, 615: 161 - 168.

SUN H J, RATHINASABAPATHI B, WU B, et al, 2014. Arsenic and selenium toxicity and their interactive effects in humans [J]. Environment International, 69: 148 - 158.

SUN K J, TANG J C, GONG Y Y, et al, 2015. Characterization of potassium hydroxide (KOH) modified hydrochars from different feedstocks for enhanced removal of heavy metals from water [J]. Environmental Science and Pollution Research, 22 (21): 16640 - 16651.

TAN K L, HAMEED B H, 2017. Insight into the adsorption kinetics models for the removal of contaminants from aqueous solutions [J]. Journal of the Taiwan Institute of Chemical Engineers, 74: 25 - 48.

TCHOUNWOU P B, YEDJOU C G, PATLOLLA A K, et al, 2012. Heavy metal toxicity and the environment [M] //LUCH A. Molecular, clinical and environmental toxicology. Springer Basel: 133 - 164.

TKATCHENKO A, SCHEFFLER M, 2009. Accurate molecular van der Waals interactions from ground – state electron density and free – atom reference data [J]. Physical Review Letters, 102 (7): 073005.

TONG X J, LI J Y, YUAN J H, et al, 2011. Adsorption of Cu(II) by biochars generated from three crop straws [J]. Chemical Engineering Journal, 172 (2 - 3): 828 - 834.

TRUCANO P, CHEN R, 1975. Structure of graphite by neutron diffraction [J]. Nature, 258 (5531): 136 - 137.

UCHIMIYA M, CHANG S C, KLASSON K T, 2011. Screening biochars for heavy metal retention in soil: role of oxygen functional groups [J]. Journal of Hazardous Materials, 190 (1 - 3): 432 - 441.

UCHIMIYA M, WARTELLE L H, LIMA I M, et al, 2010. Sorption of deisopropylatrazine on broiler litter biochars [J]. Journal of Agricultural and Food Chemistry, 58 (23): 12350 - 12356.

VERHEIJEN F, JEFFERY S, BASTOS A C, et al, 2009. Biochar application to soils: a critical scientific review of effects on soil properties, processes and functions [C]. Luxembourg: Office for the official publications of the European communities.

WAN S L, WU J Y, ZHOU S S, et al, 2018. Enhanced lead and cadmium removal using biochar - supported hydrated manganese oxide (HMO) nanoparticles: Behavior and mechanism [J]. Science of The Total Environment, 616 - 617: 1298 - 1306.

WANG B, GAO B, WAN Y S, 2018. Entrapment of ball - milled biochar in Ca - alginate beads for the removal of aqueous Cd(II) [J]. Journal of Industrial and Engineering Chemistry, 61: 161 - 168.

WANG C Q, WANG H, 2018. Pb(II) sorption from aqueous solution by novel biochar loaded with nano - particles [J]. Chemosphere, 192: 1 - 4.

WANG S S, GAO B, ZIMMERMAN A R, et al, 2015. Removal of arsenic by magnetic biochar prepared from pinewood and natural hematite [J]. Bioresource Technology, 175: 391 - 395.

WANG S S, ZHOU Y X, GAO B, et al, 2017. The sorptive and reductive capacities of biochar supported nanoscaled zero - valent iron (NZVI) in relation to its crystallite size [J]. Chemosphere, 186: 495 - 500.

WANG T, LI C, WANG C, et al, 2018. Biochar/MnAl - LDH composites for Cu(II) removal from aqueous solution [J]. Colloids and Surfaces A: Physicochemical and Engineering Aspects, 538: 443 - 450.

WANG T, SUN H W, REN X H, et al, 2018. Adsorption of heavy metals from aqueous solution by UV - mutant *Bacillus subtilis* loaded onbiochars derived from different stock materials [J]. Ecotoxicology and Environmental Safety, 148: 285 - 292.

WARNOCK DD, LEHMANN J, KUYPER T W, et al, 2007. Mycorrhizal responses to biochar in soil - concepts and mechanisms [J]. Plant and Soil, 300 (1 - 2): 9 - 20.

WEBER W J, MORRIS J C, 1962. Advance in water pollution research: removal of biological resistant pollutions from wastewater by adsorption [C] //Proceedings of 1st international conference on water pollution research. Oxford: Pergamon Press, 2: 231 - 266.

WEBER W J, MORRIS J C, 1963. Kinetics of adsorption on carbon from solution [J]. Journal of the Sanitary Engineering Division, 89 (2): 31 - 59.

WOOLF D, AMONETTE J E, STREET - PERROTT F A, et al, 2010. Sustainable biochar to mitigate global climate change [J]. Nature Communications, 1: 56.

XU R K, XIAO S C, YUAN J H, et al, 2011. Adsorption of methyl violet from aqueous solutions by the biochars derived from crop residues [J]. Bioresource Technology, 102 (22): 10293 - 10298.

XU X Y, ZHAO Y H, SIMA J, et al, 2017. Indispensable role of biochar - inherent mineral constituents in its environmental applications: A review [J]. Bioresource Technology, 241: 887 – 899.

YAN Q G, WAN C X, LIU J, et al, 2013. Iron nanoparticles in situ encapsulated in bio-char – based carbon as an effective catalyst for the conversion of biomass – derived syngas to liquid hydrocarbons [J]. Green Chemistry, 15 (6): 1631 – 1640.

YANG F, ZHANG S S, LI H P, et al, 2018. Corn straw – derived biochar impregna-ted with α – FeOOH nanorods for highly effective copper removal [J]. Chemical Engineering Journal, 348: 191 – 201.

YANG G X, JIANG H, 2014. Amino modification of biochar for enhanced adsorption of copper ions from synthetic wastewater [J]. Water Research, 48: 396 – 405.

YANG Z, CHEN J, 2017. Preparation, characterization and adsorption performance of reed biochar [J]. Chemical Engineering Transactions, 62: 1243 – 1248.

YU C J, WANG M, DONG X Y, et al, 2017. Removal of Cu(II) from aqueous solu-tion using Fe_3O_4 – alginate modified biochar microspheres [J]. RSC Advances, 7 (84): 53135 – 53144.

YU J D, JIANG C Y, GUAN Q Q, et al, 2018. Enhanced removal of Cr(VI) from aqueous solution by supported ZnO nanoparticles on biochar derived from waste water hya-cinth [J]. Chemosphere, 195: 632 – 640

YU W C, LIAN F, CUI G N, et al, 2018. N – doping effectively enhances the adsorp-tion capacity of biochar for heavy metal ions from aqueous solution [J]. Chemosphere, 193: 8 – 16.

YU X Y, MU C L, GU C, et al, 2011. Impact of woodchip biochar amendment on the sorption and dissipation of pesticide acetamiprid in agricultural soils [J]. Chemosphere, 85 (8): 1284 – 1289.

ZHANG M, GAO B, VARNOOSFADERANI S, et al, 2013. Preparation and charac-terization of a novel magnetic biochar for arsenic removal [J]. Bioresource Technology, 130: 457 – 462.

ZHANG M, GAO B, YAO Y, et al, 2013. Phosphate removal ability of biochar/MgAl – LDH ultra – fine composites prepared by liquid – phase deposition [J]. Chemosphere, 92 (8): 1042 – 1047.

ZHANG S H, ZHANG H, CAI J, et al, 2017. Evaluation and prediction of cadmium removal from aqueous solution by phosphate – modified activated bamboo biochar [J]. Energy &. Fuels, 32 (4): 4469 – 4477.

ZHANG W H, MAO S Y, CHEN H, et al, 2013. Pb(II) and Cr(VI) sorption by biochars pyrolyzed from the municipal wastewater sludge under different heating conditions [J]. Bioresource Technology, 147: 545 – 552.

ZHANG Y, CAO B, ZHAO L, et al, 2018. Biochar – supported reduced graphene oxide composite for adsorption andcoadsorption of atrazine and lead ions [J]. Applied Surface Science，427，Part A：147 – 155.

　　ZHAO N，ZHAO C F，LV Y Z，et al，2017. Adsorption and coadsorption mechanisms of Cr(Ⅳ) and organic contaminants on H_3PO_4 treated biochar [J]. Chemosphere，186：422 – 429.

　　ZHOU N，CHEN H G，FENG Q J，et al，2017. Effect of phosphoric acid on the surface properties and Pb(Ⅱ) adsorption mechanisms of hydrochars prepared from fresh banana peels [J]. Journal of Cleaner Production，165：221 – 230.

　　ZHOU Q W，LIAO B H，LIN L，et al，2018. Adsorption of Cu(Ⅱ) and Cd(Ⅱ) from aqueous solutions by ferromanganese binary oxide – biochar composites [J]. Science of The Total Environment，615：115 – 122.

　　ZHOU Y Y，LIU X C，XIANG Y J，et al，2017. Modification of biochar derived from sawdust and its application in removal of tetracycline and copper from aqueous solution：adsorption mechanism and modelling [J]. Bioresource Technology，245，Part A：266 – 273.

　　ZUO W Q，CHEN C，CUI H J，et al，2017. Enhanced removal of Cd(Ⅱ) from aqueous solution using $CaCO_3$ nanoparticle modified sewage sludge biochar [J]. RSC Advances，7 (26)：16238 – 16243.